Hemant Kumar Patra
J.D. Sarkar
Virendra Kumar Painkra

Comportamento de Adoção dos Agricultores relativamente à Piscicultura Composta

Hemant Kumar Patra
J.D. Sarkar
Virendra Kumar Painkra

Comportamento de Adoção dos Agricultores relativamente à Piscicultura Composta

ScienciaScripts

Imprint
Any brand names and product names mentioned in this book are subject to trademark, brand or patent protection and are trademarks or registered trademarks of their respective holders. The use of brand names, product names, common names, trade names, product descriptions etc. even without a particular marking in this work is in no way to be construed to mean that such names may be regarded as unrestricted in respect of trademark and brand protection legislation and could thus be used by anyone.

Cover image: www.ingimage.com

This book is a translation from the original published under ISBN 978-3-659-85928-1.

Publisher:
Sciencia Scripts
is a trademark of
Dodo Books Indian Ocean Ltd. and OmniScriptum S.R.L publishing group

120 High Road, East Finchley, London, N2 9ED, United Kingdom
Str. Armeneasca 28/1, office 1, Chisinau MD-2012, Republic of Moldova, Europe
Printed at: see last page
ISBN: 978-620-6-15046-6

Conteúdo

CAPÍTULO 1	2
CAPÍTULO 2	6
CAPÍTULO 3	14
CAPÍTULO 4	24
CAPÍTULO 5	57

CAPÍTULO 1

INTRODUÇÃO

A importância da piscicultura como fonte de produção de alimentos foi realçada de forma mais realista, tendo sido colocada a tónica na necessidade de alargar as actividades piscícolas a todas as regiões do país, com vista a desenvolver a indústria numa base científica, tanto no sector privado como no público. O Governo da Índia criou a Estação Central de Investigação das Pescas Interiores em Calcutá, em 1947, com o objetivo de realizar investigações científicas para avaliar os recursos haliêuticos interiores do país e desenvolver métodos adequados para a sua conservação, gestão e desenvolvimento. O instituto rapidamente se transformou num centro de investigação de primeira linha da Índia e está agora a caminho da investigação e do desenvolvimento da pesca a nível mundial. O país é dotado de recursos vastos e variados, possuindo um património ecológico fluvial e uma rica biodiversidade. A percentagem do sector da pesca interior, que era de 29% em 1950-51, aumentou para mais de 49% em 2001, o que indica uma contribuição crescente do sector da pesca interior para a produção total de peixe. As principais carpas indianas na aquicultura de água doce e os camarões na aquicultura de água salobra contribuíram principalmente para a quantidade e o valor do sector da aquicultura interior (Ayyappan e Venkateshwarulu, 2002).

A Índia ocupa o segundo lugar na produção de peixe em águas interiores do mundo, mas o consumo per capita de peixe no nosso país é muito baixo (2,6 kg/ano). Atualmente, as necessidades anuais de peixe seriam superiores a seis milhões de toneladas, mas a nossa produção atual é de apenas 3,5 milhões de toneladas. O peixe constitui um alimento importante para uma grande parte da população da Índia. A Comissão Nacional de Agricultura (1976) estimou que a percentagem da população que consome peixe e carne é de cerca de 70%.

Chhattisgarh é abençoado com uma série de recursos, incluindo água produtiva sob a forma de rios, tanques e reservatórios, etc. As suas condições climáticas (principalmente a temperatura de 35° -30° C e a precipitação de 1200-1500 mm) são bastante favoráveis à piscicultura. A produção de peixe em Chhattisgarh corresponde a cerca de 65% da produção do Madhya Pradesh não dividido. A área total coberta por reservatórios é de 80760 ha, dos quais 75726 ha são cultivados, enquanto a área coberta por tanques é de 63498 ha, dos quais 49824 ha são cultiváveis. A fauna piscícola natural é constituída por Catla, Rohu, Mrigal, Mahasheer, Siland, Padina, Singhad, Bam Patola, Chittal, Kalbasu, Kursa, Kharpata, Bata, etc. Variedades exóticas como a carpa comum, a carpa herbívora e a carpa prateada tornaram-se comuns aqui, onde também se encontra por vezes a tilápia. Cada aldeia de Chhattisgarh é dotada de 2 a 5 lagos, mas a maioria deles é de natureza sazonal. Os seus direitos de pesca pertencem ao Gram Panchayat e este cede-os em regime de aluguer aos pescadores locais, que, por sua vez, cultivam parcialmente os peixes, sendo a libertação de sementes de peixe uma prática comum. A adição de insumos é muito pobre e a cultura significa apenas a libertação da semente e a colheita. A produção média de peixe nestes tanques de aldeia é de 0,5 a 1,0 t/ha/ano. Isto precisa de ser aumentado para pelo menos 3,0 toneladas/ha/ano (Anónimo, 20002001).

O peixe é um item integral e essencial da dieta diária e também para muitos rituais e ocasiões sociais. Embora o peixe seja muito procurado pela população piscívora do país, continua a ser assustador e dispendioso. O desequilíbrio nutricional na dieta da população que consome peixe, causado por uma deficiência de proteínas, afectaria, a longo prazo, a sua saúde e resistência, a menos que sejam tomadas medidas para fornecer quantidades adequadas de peixe a um preço razoável. A produção de peixe em águas interiores é de grande importância para a Índia.

A tecnologia da piscicultura mista constituiu um grande avanço na produção de peixes de água doce em águas interiores. "A fim de obter uma produção elevada por hectare de água, espécies de peixes compatíveis de crescimento rápido, com diferentes hábitos alimentares ou com diferentes perdas de peso da mesma espécie, são povoadas num mesmo tanque de modo a que todos os nichos ecológicos sejam ocupados por peixes. Este sistema de gestão de tanques é chamado de piscicultura mista ou piscicultura composta ou policultura" (Jhingran, 1988). O CIFRI Barackpore demonstrou que adoptando a tecnologia de piscicultura mista em água doce, é possível obter uma produção de 10 toneladas ha/ano. Um piscicultor comum pode facilmente atingir objectivos de produção de pelo menos 3 vezes/ha/ano se receber alguma formação.

Na piscicultura composta, as seis espécies de peixe, que são geralmente recomendadas, e a maior produção possível, entre as seis espécies de peixe três são indígenas como Catla, Rohu e Mrigal e outras três são exóticas como carpa prateada, carpa herbívora e carpa comum. As espécies foram identificadas de acordo com a natureza do seu hábito alimentar em diferentes profundidades de água. Entre as espécies de peixes, a Catla e a carpa prateada alimentam-se à superfície, a Rohu e a carpa herbívora alimentam-se na coluna e a Mrigal e a carpa comum alimentam-se no fundo.

A tecnologia de piscicultura composta envolve o controlo de uma erva aquática, de peixes infestantes, a adubação e fertilização do tanque, o povoamento de espécies de peixes indígenas e exóticas compatíveis e de crescimento rápido, em combinação adequada, e a suplementação da alimentação natural dos peixes com o fornecimento de alimentos artificiais para obter grandes quantidades de peixes por unidade por ano. Apesar de a tecnologia de piscicultura composta ser lucrativa, a sua disseminação não tem sido significativa devido a várias razões.

Este conhecimento pode ser fornecido para a adoção final, o utilizador de tal tecnologia, fornecendo instalações de formação, conduzindo programas de demonstração eficazes e motivando o piscicultor para uma resposta entusiástica ao pessoal de extensão que trabalha neste campo.

Uma das condições básicas para o sucesso do trabalho de extensão é trabalhar com os problemas identificados pelas pessoas como seus próprios problemas. Para uma aplicação adequada da tecnologia de piscicultura composta no tanque do agricultor, é necessário identificar o problema que enfrentam e adotar as medidas necessárias sugeridas por eles para aumentar a produção de peixe. Tendo em conta estes factos, a presente investigação intitulada "Estudo sobre o comportamento de adoção dos agricultores relativamente à tecnologia de piscicultura composta no distrito de Raipur, em Chhattisgarh" foi levada a cabo com os seguintes objectivos

1.	Estudar o perfil sócio-pessoal e sócio-económico dos piscicultores

2.	Descobrir as técnicas de piscicultura compostas predominantes adoptadas pelos piscicultores

3.	Determinar o grau de conhecimento e de adoção pelos agricultores da tecnologia recomendada para a piscicultura composta

4. Verificar a relação entre a variável independente e a variável dependente

5. Identificar o problema na adoção das recomendações para a piscicultura composta tecnologia enfrentada pelos agricultores e

6. Obter a sugestão do piscicultor para superar o problema de maximizar a produção de peixe.

CAPÍTULO 2

REVISÃO DA LITERATURA

O principal objetivo deste capítulo é apresentar algumas das conclusões de estudos de investigação relacionados com o presente estudo. Por conseguinte, tenta-se apresentar uma breve descrição de alguns estudos relacionados com a presente investigação, realizados no nosso país e no estrangeiro.

Os estudos relacionados são apresentados de forma sucinta nos seguintes pontos:

2.1   Caraterísticas sócio-pessoais e sócio-económicas dos piscicultores

2.2   Caraterísticas sócio-psicológicas dos piscicultores

2.3   Caraterísticas tecnológicas dos piscicultores

2.4   Grau de conhecimento da tecnologia de cultura de peixes compostos

2.5   Grau de adoção da tecnologia de piscicultura mista

2.1   Caraterísticas sócio-pessoais e sócio-económicas dos piscicultores

2.1.1   Idade

Haque (1981) estudou que a idade dos piscicultores estava associada de forma negativa e insignificante à adoção de tecnologia de pesca. Sinha (1989) estudou que a maioria dos piscicultores eram de meia idade (53%), seguidos por jovens e idosos com 42,0% e 5%, respetivamente. Munda et al. (1997) estudou que a maioria (61%) dos pescadores entrevistados era de meia idade.

Pounraj e Shripal (1997) realizaram um estudo em 12 sociedades de cooperação de pescadores do interior e descobriram que a maioria dos pescadores do interior era de meia-idade (75,63%), seguida por idosos e jovens, com 15,00 e 9,16%, respetivamente. Mankar et al. (2000) verificaram que a maioria (56,67%) dos pescadores era da categoria de meia-idade.

2.1.2   Educação

Murugan (1982) observou que o nível de instrução dos pescadores de Kashimadu era mais elevado e que mais de 60% da população possuía o ensino secundário superior. Padhy (1993) estudou que a educação dos inquiridos tem um papel importante na adoção de tecnologias de piscicultura. A maioria (62%) dos piscicultores tinha educação até o nível secundário superior, classe primária, acima do H.S.C. e analfabetos. Munda et al. (1997) notaram que mais de metade dos inquiridos eram alfabetizados. No entanto, uma percentagem considerável (42) era analfabeta.

Pounraj e Sripal (1997) afirmam que o nível de instrução varia entre o analfabetismo e o nível colegial. A maioria dos pescadores de águas interiores tem apenas o nível de ensino primário e secundário (83,32%). As comodidades disponíveis para a educação até ao nível secundário estão ao alcance da aldeia, enquanto que a formação de peixe é a ocupação principal. Mankar et al. (2000) descobriram que a maioria dos inquiridos tinha o ensino primário (35%), seguido de analfabetos (26,66%), ensino secundário (20,00%) e ensino médio (18,33%).

2.1.3 Casta

Sharma (1966) concluiu que os meios de comunicação social, exceto o cinema, eram amplamente utilizados pelos inquiridos com mais educação, casta elevada e estatuto económico elevado. Padhy (1993) estudou que a maioria (94,00%) dos inquiridos era hindu por religião, mas não pescador por casta. Dos restantes 6%, 2% eram pescadores por casta e 4% pertenciam a uma casta programada.

Manker (200) estudou que a maioria dos piscicultores era de Mahadeo koli (61,57%) seguido por Sonakoli (33,33%) e Suryawanshi koli (5,00%). Rao (2001) observou que o número máximo de inquiridos beneficiários (41,11%) e não beneficiários (55,56%) pertenciam à tribo programada, seguida da casta programada.

2.1.4 Tipo de dimensão da família

Ingle (1974) observou que o tamanho da família estava significativamente relacionado com a utilização do canal de comunicação na adoção de tecnologias agrícolas recomendadas pelos agricultores. Haque (1981) observou uma correlação insignificante entre o tipo de família e o comportamento de adoção dos piscicultores.

Chaudhary et al. (1988) concluíram que a dimensão da família dos agricultores não estava associada ao nível de adoção, uma vez que o valor do qui-quadrado (4,252) não era significativo. Rai et al. (1988) estudaram que a dimensão da família dos agricultores não tinha uma relação significativa com o seu comportamento de adoção. Mankar et al. (2000) verificaram que a maioria dos pescadores pertencia a famílias conjuntas (71,87%), seguidas de famílias individuais (28,33%).

2.1.5   Exploração de terras

Sinha (1989) verificou que os piscicultores também cultivavam, pelo que pretendia ter uma ideia da dimensão das suas explorações. Concluiu que a dimensão máxima e mínima das explorações dos piscicultores era de 9,00 a 0,20 ha, respetivamente, com uma média de 1,92 ha.

Pounraj e Sripal (1997) estudam que a maioria dos pescadores de águas interiores (80,00%) possui explorações agrícolas de dimensão média, seguidas de explorações agrícolas grandes e pequenas. Thakre (2001) constatou que a maioria dos agricultores (37,84%) possuía uma categoria média de exploração agrícola e apenas 2,71% pertenciam à categoria marginal.

2.1.6   Ocupação secundária

Munda et al. (1997) observaram que a maioria dos inquiridos praticava a pesca como ocupação principal (93%). A maioria dos inquiridos tinha o cultivo como ocupação secundária (76%).

Thakre (2001) constatou que todos os inquiridos exerciam a sua atividade profissional principal. A maior parte deles exercia outras actividades de apoio. Cerca de 36,48% dos inquiridos estavam envolvidos na agricultura, enquanto 18,92, 21,62 e 17,57% dos inquiridos estavam envolvidos em centros de criação de galinhas e incubadoras, criação de animais e outros negócios + serviços, etc., respetivamente.

2.1.7   Rendimento anual

Sinha (1989) indicou que 65% dos piscicultores tinham um estatuto económico baixo e médio, o que estava significativamente relacionado com a adoção de tecnologia de piscicultura composta. Munda (1997) obteve que o rendimento médio dos pescadores era de Rs. 8850 por ano, dos quais a pesca (Rs. 6.115) contribuía significativamente.

Pouraj e Sripal (1997) constataram que a maioria dos pescadores (68,32%) pertencia ao grupo de rendimento médio a elevado. Mankar (2000) observou que a maioria dos pescadores tinha um nível médio (70,00%) de rendimento anual.

2.1.8   Aquisição de crédito

Ganorkar (1961) afirmou que a disponibilidade de crédito tinha muito pouca importância para influenciar o comportamento de adoção dos agricultores.

Rao (2001) constatou que apenas 6,67% dos agricultores beneficiários e nenhum dos agricultores não beneficiários recorreram a facilidades de crédito a longo prazo. Os restantes inquiridos obtiveram crédito a curto ou médio prazo de diferentes fontes. Este facto revela o impacto positivo imediato do programa "Form Pond" nos seus beneficiários no que respeita às suas caraterísticas socioeconómicas.

2.2 Caraterísticas sócio-psicológicas dos piscicultores

2.2.1 Propensão para a inovação

Rogers e Shoemaker (1971) definiram a capacidade de inovação como o grau em que um indivíduo é relativamente mais precoce na adoção de novas ideias do que os outros membros do sistema. Haque (1981) observou que a inovatividade é o padrão de comportamento dos indivíduos que têm interesse e desejo de procurar mudanças nas técnicas de piscicultura e de introduzir essas mudanças nas suas operações quando tal for prático e viável. Sinha (1989) obteve uma pontuação máxima e mínima de 9,00 e 1,00, respetivamente, com uma pontuação média de 4,52. Ele revelou que 71% dos piscicultores tinham uma propensão média e alta à inovação.

Padhy (1993) observou um número igual de inquiridos nos grupos de adoção baixa e média, ou seja, 23 em cada categoria. Apenas um inquirido pertence à categoria dos não adoptantes e 3 agricultores, ou seja, 6% dos inquiridos, são adoptantes de nível superior. Pounraj e Sripal (1997) observaram que a maioria dos membros (65,83%) têm um nível médio de capacidade de inovação. Mankar e Sahastrabudhe (2000) constataram que a maioria dos inquiridos tinha um nível médio (48,33%) de propensão para a mudança.

2.3 Caraterísticas tecnológicas dos piscicultores

Sinha (1972) relatou que a produção de peixe aumentou muito quando o tanque foi povoado com uma combinação de seis espécies viz. Catla, Rohu, Mrigal, carpa prateada, carpa herbívora e carpa comum em comparação com a produção obtida com a combinação de Cattla, Rohu e Mrigal ou com a combinação de carpa prateada, carpa herbívora e carpa comum. Chakrabarty (1976) salientou que a cultura das carpas principais indianas, bem como a das carpas exóticas, por si só e com base nas informações disponíveis sobre os seus hábitos alimentares, indicava a viabilidade de combinar estes dois grupos de carpas para a sua cultura, a fim de utilizar mais plenamente os recursos do tanque, incluindo a alimentação e as ervas daninhas, fornecidas pelo exterior. Jhingran

(1977) afirmou que o princípio básico da piscicultura composta é que quando os peixes compatíveis de diferentes hábitos alimentares são colocados juntos, eles asseguram para si mesmos da maneira mais eficiente, todos os requisitos de vida disponíveis no tanque para a produção de peixe sem prejudicar uns aos outros.

Sahu e Jana (1996) estudaram que o rácio de povoamento entre alimentadores de superfície e pastores de fundo no sistema de policultura de carpas pode ser uma estratégia útil para a utilização de fosfato de rocha como fonte direta de fertilizante fosfatado. Sathiadhas (1996) estudou o padrão de distribuição da rupia dos consumidores aos produtores e intermediários para variedades de peixe comercialmente importantes; e a vantagem comparativa da cooperativa de comercialização de peixe para assegurar um preço remunerador aos pescadores. Ramesh et al.(1997), a partir de suas demonstrações de piscicultura composta em três tanques de agricultores, observaram que a produção bruta de peixe foi de 950 kg (3166,66 kg/ha/ano), 695 kg (4405,07 kg/ha/ano) e 285 kg (4194,55 kg/ha/ano) nos tanques A, B e C, respetivamente. Conclui-se que a piscicultura composta é economicamente flexível nos tanques de coorg. Shankar et al. (1998) estudaram o papel do substrato à base de bagaço de cana de açúcar na produção de Cyprius carpio e Labeo rohita cultivados em tanques, utilizando como substrato um resíduo agrícola facilmente disponível e biodegradável (bagaço de cana de açúcar). Borah e Bhagwati (1999) estudaram a viabilidade da piscicultura com a aplicação de estrume fresco de vaca sem alimentação suplementar e fertilizante inorgânico. A eficiência do sistema em termos de produção, rendimento líquido e custo dos factores de produção foi comparada com um conjunto de tanques de controlo, geridos de acordo com o pacote de práticas para a tecnologia de cultura de carpas compostas. Paria e Konar (1999) estudaram que a produção de peixe estava negativamente correlacionada com o pH da água, oxigénio dissolvido, dureza, transparência e positivamente correlacionada com a alcalinidade. Pode concluir-se que são necessárias algumas medidas de desenvolvimento para a produção sustentável de peixe nestes tanques.

Varadi (1999) estudou que as pisciculturas de viveiro podem contribuir para a melhoria da qualidade de vida não só através da produção de produtos piscícolas saudáveis, mas também fornecendo serviços e condições adequadas para a pesca, recreio e eco-turismo. Nyamachumbe e Knippel (2000) estudaram que a entrevista discute o papel/função do filme de vídeo na avaliação do mercado, como o vídeo foi produzido e as reacções das diferentes audiências ao mesmo. Conclui que o vídeo participativo deve ser recomendado para a avaliação participativa e não tem grandes limitações. Gaur (2001) estudou que os principais constrangimentos dos aldeões em relação à cultura de peixes em lagos de aldeia são a falta de conhecimentos técnicos, a utilização incorrecta dos recursos hídricos disponíveis, a falta de disponibilidade de sementes de peixe de qualidade, etc. Este documento trata das várias sugestões apropriadas, incluindo as tecnologias existentes de acordo com as necessidades específicas da região, etc., para desenvolver certas estratégias de extensão frutíferas, de modo a que a elevação dos piscicultores possa ser alcançada.

2.4 Grau de conhecimento da tecnologia de cultura de peixes compostos

Rogers (1971) verificou que o conhecimento dos agricultores sobre as inovações tinha uma correlação positiva elevada, a um nível de significância de 1%, com o grau de adoção de tecnologias agrícolas melhoradas, ou seja, inovações. Gill e Singh (1977) estudaram os conhecimentos profissionais dos produtores de leite do distrito de Ludhiyana (Punajab). Verificaram que os conhecimentos dos produtores de leite em matéria de criação, alimentação, alojamento e saúde animal eram baixos e que os seus conhecimentos em matéria de gestão e comercialização do leite eram apenas de nível médio.

Ghosh (1988) verificou que 67,87% dos piscicultores tinham conhecimentos parciais e 32,13% dos piscicultores tinham conhecimentos completos sobre a tecnologia de sequeiro dos agricultores, o que não teve qualquer efeito sobre o seu comportamento de adoção. Concluiu também que o baixo nível médio de conhecimentos dos agricultores indicava a necessidade de desenvolver métodos de ensino de extensão adequados para transmitir conhecimentos agrícolas úteis aos agricultores.

Vekaria et al. (1993) referiram que metade dos agricultores tinha um nível médio de conhecimentos sobre tecnologia agrícola. Os conhecimentos sobre tecnologia agrícola estavam positiva e significativamente relacionados com o comportamento de utilização de factores de produção de todas as categorias de agricultores. Mathiyalagan e Subramaniam (1995) observaram que o nível de conhecimentos dos agricultores sobre as práticas avícolas estava positiva e significativamente relacionado com a sua adoção. Mankar e Ingle (1997) estudaram os conhecimentos e os benefícios recebidos pelos agricultores no âmbito de programas de desenvolvimento agrícola no distrito de Akola, no Estado de Maharashtra. Observou-se que a educação, a propriedade fundiária, o estatuto social, o rendimento e a experiência agrícola estavam correlacionados de forma positiva e significativa com o nível de conhecimentos dos inquiridos. Assim, ficou claro que estas variáveis tinham uma influência positiva no seu nível de conhecimentos.

2.5 Grau de adoção da tecnologia de piscicultura mista

Ghosh (1988) verificou que apenas 16,67% dos inquiridos aplicaram a dose recomendada, 61,97% aplicaram menos do que a dose recomendada e 21,36% dos inquiridos não aplicaram qualquer dose. Ele concluiu que a maioria dos inquiridos aplicou a tecnologia de piscicultura composta a uma taxa inferior à dose recomendada. Sinha (1989) descobriu que a adoção da tecnologia de piscicultura composta estava positiva e significativamente correlacionada com algumas variáveis independentes.

Gupta (1991) estudou que a variável apresentou um coeficiente de correlação positivo significativo, mas não produziu um coeficiente de regressão significativo. Pode inferir-se que os pescadores que se apresentaram para a adoção de práticas melhoradas tinham um nível de aspiração mais elevado. Padhy (1993) estudou o grau de adoção de tecnologias de pesca melhoradas por parte dos inquiridos. Concluiu que a "piscicultura mista" é a tecnologia mais importante adoptada pelos inquiridos e que as outras tecnologias importantes adoptadas pelos piscicultores podem ser mencionadas por ordem de importância: a) cal, b) fertilizante orgânico, c) medicamentos, d) bagaço de óleo, e) preparação do tanque, etc. Tecnologias como a "reprodução induzida" e os inquiridos não adoptam popularmente o "uso de redes de nylon", mas nenhum dos agricultores está interessado na "aplicação de herbicidas".

Pounraj e Sripal (1997) observaram que a maioria dos pescadores de águas interiores (87,50%) tinha um nível médio de modernização na sua exploração. Quase todas as etapas da piscicultura incluíam tecnologias modernas, mas os agricultores não eram capazes de adotar todas as novas tecnologias. Surendra et al. (1998) recolheram os dados energéticos relativos a todas as operações, desde a preparação dos tanques até à colheita do peixe. A piscicultura no Punjab é comparativamente nova e espera-se que os rendimentos aumentem com a tecnologia e que se torne mais rentável num futuro próximo. Chauhan e Jogdant (2001) notaram que a produção de peixe por hectare aumentou de 5 quintais para 13 quintais e o lucro aumentou de Rs. 2190 para 23715. Este estudo também revela a relutância dos pescadores em relação ao alto custo das tecnologias e a aceitação de tecnologias sustentáveis de baixo custo para a piscicultura de água doce.

CAPÍTULO 3

METODOLOGIA DE INVESTIGAÇÃO

Os pormenores da descrição dos métodos e procedimentos adoptados no decurso do inquérito são apresentados resumidamente nos seguintes pontos:

3.1 Localização do estudo

3.2 Amostragem e processo de amostragem

3.3 Variável independente e dependente

3.4 Operacionalização das variáveis independentes e sua medição

3.5 Operacionalização da variável dependente e sua medição

3.6 Tipo de dados

3.7 Elaboração do programa de entrevistas

3.8 Método de recolha de dados

3.9 Processamento de dados

3.1 Localização do estudo

O estudo foi efectuado no distrito de Raipur, em Chhattisgarh, durante o ano de 2002. O Estado de Chhattisgarh é composto por dezasseis distritos, nomeadamente Surguja, Koria, Bilaspur, Korba, Jashpur, Kawardha, Durg, Raipur, Janjgir, Raigarh, Rajnandgaon, Dhamtari, Mahasamund, Kanker, Bastar e Dantewada. Destes, apenas o distrito de Raipur foi selecionado propositadamente porque tem uma produção máxima de peixe.

3.2 Amostragem e processo de amostragem

3.2.1 Seleção dos blocos

O distrito de Raipur consiste em dezasseis blocos. Apenas o bloco de Dharsiwa foi selecionado com base no número máximo de tanques para a produção de peixe em comparação com os outros blocos.

3.2.2 Seleção da aldeia

O bloco de Dharsiwa consiste em 118 aldeias e destas apenas 67 aldeias têm tanques para o cultivo de peixe. Para este estudo foram selecionadas 16 aldeias que têm mais de 5 tanques de peixe.

3.10 Seleção dos inquiridos

De cada uma das aldeias selecionadas, foram escolhidos aleatoriamente 5 inquiridos. Deste modo, foi selecionado um total de (16 x 5 = 80) inquiridos. Todos os inquiridos estavam a fazer piscicultura em tanques arrendados e os piscicultores arrendados foram considerados na amostra para a recolha de dados.

3.3 Variável independente e dependente

3.3.1 Variáveis independentes

Socio-personal	Socio-economic	Technological	Socio-psychological
<ul><li>Age</li><li>Education</li><li>Caste</li><li>Type of family</li><li>Size of family</li></ul>	<ul><li>Land holding</li><li>Secondary occupation</li><li>Annual income</li><li>Credit acquisition</li></ul>	<ul><li>Availability of seed and feed</li><li>Water area of the pond</li><li>Source of refilling</li><li>Source of information</li><li>Transportation</li><li>Marketing</li></ul>	<ul><li>Innovation proneness</li><li>Opinion towards modern composite fish culture technology</li></ul>

3.3.2 Variável dependente

Grau de conhecimento e adoção pelos piscicultores da tecnologia de piscicultura composta.

3.4 Operacionalização das variáveis independentes e sua medição

3.4.1 Caraterísticas sócio-pessoais dos piscicultores

3.4.1.1 Idade

Foi registada a idade dos agricultores, tal como informada por eles durante a entrevista pessoal. A idade cronológica dos agricultores foi utilizada para análise e foi categorizada da seguinte forma

Categorias	Pontuação

- Jovens < 35 anos   1
- Médio 35 a 50 anos   2
- Idade > 50 anos   3

3.4.1.2 Educação

A capacidade de leitura e escrita adquirida pelos piscicultores foi considerada como o seu nível de educação e foi categorizada como segue:

Categorias	Pontuação
- Analfabeto	0
- Ensino primário	1
- Ensino médio	2
- Ensino secundário	3
- Ensino secundário superior	4
- Nível de ensino inferior a licenciatura	5

3.4.1.3 Casta

A casta dos inquiridos foi classificada da seguinte forma :

Categorias	Pontuação
- Casta registada (SC)	1
- Tribo registada (ST)	2
- Outra classe atrasada (OBC)	3
- Geral (G)	4

3.4.1.4 Tipo de família

O tipo de família foi classificado das seguintes formas :

Categorias	Pontuação
- Nuclear	1
- Conjunto	2

3.4.1.5 Tamanho da família

Com base no número de membros da família dos inquiridos, foram estabelecidas as seguintes categorias:

Categorias	Pontuação
- Pequena (até 5 membros)	1
- Médio (6-10 membros)	2
- Grande (> 10 membros)	3

3.4.2 Caraterísticas sócio-económicas dos piscicultores

É definido operacionalmente como a posse efectiva de terra dos piscicultores no momento da investigação. A categorização dos piscicultores foi efectuada da seguinte forma :

Categorias	Pontuação
- Menos terreno	0
- Marginal (< 1 ha)	1
- Pequena (1-2 ha)	2
- Médio (2-5 ha)	3
- Grande (> 5 ha)	4

As profissões exercidas pelos piscicultores, como a agricultura, a pecuária, os serviços e outros negócios, etc., foram incluídas neste estudo. As ocupações praticadas pelos piscicultores foram categorizadas para análise das seguintes maneiras:

Categorias	Pontuação
- Apenas piscicultura	1
- Pesca + Agricultura	2
- Pesca + criação de animais	3
- Pesca + Criação de animais + Agricultura	4
- Pesca + Serviço + Comércio	5
- Pesca + Agricultura + Outros	6

Neste estudo, o rendimento anual total de todas as fontes disponíveis dos agricultores foi categorizado da seguinte forma:

Categorias	Pontuação
- Até Rs. 25000	1
- Rs. 25000 a Rs. 50000	2
- Rs. 50000 a Rs. 75000	3
- Mais de Rs. 750000	4

A disponibilidade de crédito necessário para comprar os insumos necessários pode influenciar o comportamento de adoção dos agricultores. A adoção de uma tecnologia melhorada de piscicultura composta requer um maior investimento de capital no cultivo para a compra de insumos como redes de arrasto, sementes de peixe, fertilizantes e rações, etc. Por isso, foi feita uma pergunta aos agricultores para saber de onde obtêm o empréstimo e com que facilidade o conseguem. A disponibilidade de crédito identificada pelos piscicultores foi medida numa escala de quatro pontos, como se segue:

Categorias	Pontuação
- Nulo	1
- Crédito a curto prazo	2
- Crédito a médio prazo	3
- Crédito a longo prazo	4

3.4.3 Caraterísticas tecnológicas dos piscicultores

3.4.5.1 Disponibilidade de sementes e alimentos para animais

Com base no modo de disponibilidade de sementes e alimentos, os piscicultores foram classificados da seguinte forma:

Categorias	Pontuação
- Não disponível	1
- Atraso	2
- Disponível em tempo útil	3

3.4.3.2 Zona aquática da lagoa

Com base na capacidade de água armazenada utilizada pelos piscicultores, foram efectuadas as seguintes categorias:

Categorias	Pontuação
- Tamanho até 1 ha	1
- Tamanho 1,1 - 2 ha	2
- Tamanho 2,1 - 3 ha	3
- Dimensão superior a 3 ha	4

3.4.3.3 Instalações de reabastecimento

A disponibilidade de instalações de reabastecimento dos piscicultores pode afetar o cultivo de peixes nos tanques. Os piscicultores foram questionados sobre a disponibilidade e não disponibilidade de instalações de reabastecimento. Com base nas instalações de reabastecimento, os piscicultores foram classificados da seguinte forma:

Categorias	Pontuação
- Com tanque de enchimento	1

- Sem reabastecimento do
tanque   2

3.4.3.4   Fonte de informação
Supõe-se que a fonte de informação esteja diretamente associada à disponibilidade
e exposição dos piscicultores às inovações. Esta sensibilização dos piscicultores para as
várias inovações leva-os a adotar novas ideias. Para avaliar esta variável, foram
identificadas 12 fontes de informação possíveis. Para determinar o grau de utilização de
cada fonte de informação, os piscicultores foram recodificados numa escala de três pontos,
ou seja, completa, parcialmente e de modo algum. O peso dado a estas categorias foi de
2, 1 e 0, respetivamente. Depois das palavras, os inquiridos foram categorizados com base
na pontuação global obtida (i.e. 24) em três categorias como se segue:

Categorias	**Pontuação**
- Baixa (até 8 pontos)	1
- Médio (pontuação 9-16)	2
- Elevado (pontuação 17-24)	3

3.4.3.5   Transporte
Com base no veículo utilizado para o transporte, foram definidas as seguintes
categorias:

Categorias	**Pontuação**
- Não disponível	1
- Veículo próprio	2
- Veículo alugado	3
- Veículo próprio + veículo alugado	4

3.4.3.6   Marketing
De acordo com o canal de comercialização utilizado pelos piscicultores, foram
feitas as seguintes categorias:

Categorias	**Pontuação**
- Retalho próprio	1
- Venda por grosso	2
- Organização de marketing	3

3.4.4 Caraterísticas sócio-psicológicas dos piscicultores

3.4.4.1   Propensão para a inovação

A propensão dos inquiridos para a inovação foi considerada um fator importante que influencia o seu comportamento de adoção e comunicação. Para medir a propensão dos inquiridos para a inovação, foi feita uma pergunta a cada inquirido:

"Quando é que prefere adotar uma tecnologia melhorada de cultura de peixes?"

A resposta foi então categorizada numa escala e pontuação como se segue:

Categorias	Pontuação
- Adotado logo após a obtenção de informações	1
- Após a realização de ensaios em pequena escala	3
- Depois de ver o sucesso dos outros agricultores	2
- Adotado após espera	1
- A técnica antiga é melhor do que a nova	0

3.4.4.2 Opinião sobre a tecnologia moderna de piscicultura mista

As opiniões dos piscicultores em relação à tecnologia de piscicultura composta foram avaliadas através da formulação de 8 afirmações e as respostas foram registadas numa escala de três pontos. Com base na pontuação total obtida (24), os piscicultores foram categorizados da seguinte forma

Categorias	Pontuação
- Menos favorável (pontuação de 1 a 8)	1
- Favorável (pontuação de 9 a 16)	2
- Mais favorável (pontuação de 17 a 24)	3

3.5 Operacionalização da variável dependente e sua medição

3.5.1 Grau de conhecimento dos piscicultores sobre a tecnologia de piscicultura composta

O conhecimento sobre a inovação pode ser um fator importante que afecta o comportamento de adoção dos agricultores. O conhecimento operacional foi usado neste estudo como o conhecimento real dos agricultores em relação a oito etapas selecionadas da tecnologia de piscicultura composta, ou seja, preparação do tanque, erradicação de ervas daninhas, aplicação de fertilizantes, seleção de alevins, gestão da alimentação, controlo de insectos/doenças e colheita de peixes.

Foi desenvolvido um dispositivo para medir o nível de conhecimento dos piscicultores em relação às tecnologias selecionadas recomendadas para a tecnologia de piscicultura composta. Foi elaborado um índice de conhecimento para avaliar o nível de conhecimento de cada piscicultor com a ajuda das seguintes equações :

KI = O/S x 100

onde,

KI = Índice de conhecimentos dos agricultores

O = Pontuação total obtida pelos piscicultores

S = pontuação total que pode ser obtida

Com base no índice de conhecimentos, os agricultores foram classificados da seguinte forma

CategoriasS	Cat
- Nulo	0
- Baixo (até 33,33%)	1
- Médio (33,34 - 66,66%)	2
- Elevado (> 66,66%)	3

3.5.2   Grau de adoção pelos piscicultores da tecnologia de piscicultura composta

No presente estudo, a extensão da adoção foi verificada em termos do índice de adoção utilizado em oito passos recomendados selecionados da piscicultura composta tecnologias adoptadas pelos agricultores, nomeadamente a preparação dos tanques, a erradicação das ervas daninhas, a aplicação de fertilizantes, a seleção dos alevins, a gestão da alimentação, o controlo dos insectos/doenças e a colheita dos peixes. O índice de adoção foi calculado para cada agricultor utilizando a seguinte fórmula: IA = O/S x 100

onde,

IA = Índice de adoção para i^{th} piscicultores

O = Pontuação total obtida pelos i^{th} piscicultores

S = pontuação total que pode ser obtida

Com base no índice de adoção, os agricultores foram categorizados da seguinte forma

Categorias	Pontuação
- Nulo	0
- Baixa (até 33,33%)	1
- Médio (33,34% a 66,66%)	2
- Elevada (> 66,66%)	3

Para medir os constrangimentos responsáveis pela baixa adoção da tecnologia de piscicultura composta, foi desenvolvido um calendário para enumerar os possíveis constrangimentos relacionados com os constrangimentos tecnológicos, pessoais, naturais, sócio-económicos e institucionais. As respostas dos piscicultores foram registadas numa escala contínua de quatro pontos: "Mais importante", "Importante", "Menos importante" e "Nada", com uma pontuação de 3, 2, 1 e 0, respetivamente.

3.6 Tipo de dados

Os dados relativos às caraterísticas selecionadas sobre as adopções sócio-pessoais, sócio-económicas, tecnológicas e sócio-psicológicas da tecnologia recomendada para a piscicultura composta foram recolhidos de acordo com o objetivo do estudo.

3.7 Elaboração do programa de entrevistas

O programa de entrevistas foi elaborado com base nos objectivos e nas variáveis independentes e dependentes em estudo. Para facilitar os inquiridos, o

O programa da entrevista foi redigido em "Hindi". Todas as perguntas foram cuidadosamente examinadas e discutidas pelo comité consultivo antes de finalizar o programa de entrevistas. Foram tomadas as devidas precauções e cuidados para formular as perguntas de modo a que pudessem ser bem compreendidas pelos agricultores e lhes fosse mais fácil responder.

O programa de entrevistas preparado foi pré-testado e foram incorporadas alterações, modificações e sugestões essenciais antes de lhe ser dado o toque final. O programa final desenvolvido para a recolha de dados é apresentado no Anexo I.

3.7.1 Validade

A validade refere-se ao "grau em que o instrumento de recolha de dados mede o que é suposto medir e não outra coisa qualquer". A adoção dos passos seguintes maximizou a validade do programa de entrevistas utilizado para este estudo:

1. O programa de entrevistas foi exaustivamente discutido com os membros do comité consultivo e as suas sugestões foram incorporadas.

2. O pré-teste do programa de entrevistas constituiu um controlo adicional para melhorar o instrumento.

3. A pertinência de cada pergunta em relação ao objetivo do estudo, a ordem lógica e a formulação de cada pergunta foram cuidadosamente verificadas.

A fiabilidade de um programa de entrevistas refere-se à "sua consistência ou estabilidade na obtenção de informação dos inquiridos". O método de teste e reteste para estimar a fiabilidade de um programa de entrevistas foi seguido neste estudo: cinco piscicultores do distrito de Raipur foram selecionados aleatoriamente e foram entrevistados novamente após 15 dias, usando o mesmo programa de entrevistas e também seguindo o mesmo procedimento seguido na altura da primeira entrevista. Uma vez que foram observadas as mesmas respostas, a fiabilidade do programa de entrevistas foi assegurada.

3.8 Método de recolha de dados

Os agricultores foram entrevistados através da técnica de entrevista pessoal. Antes da entrevista, os agricultores foram considerados confidenciais, tendo-lhes sido revelado o objetivo real do estudo, e também se teve o cuidado de desenvolver um bom apoio com eles. Foi-lhes assegurado que as informações por eles fornecidas seriam mantidas confidenciais. A entrevista foi efectuada numa atmosfera amigável, sem qualquer complicação.

3.9 Processamento de dados

Os dados recolhidos da amostra de 80 inquiridos foram tabulados em folhas de codificação e, finalmente, foi feita uma análise adequada dos dados de acordo com o objetivo sugerido por Cochran e Cox (1957). As estatísticas aplicadas foram a percentagem, a média, o desvio padrão e o coeficiente de correlação para medição. O grau de conhecimento e adoção da tecnologia recomendada de piscicultura composta entre os agricultores.

CAPÍTULO 4

ANÁLISE E INTERPRETAÇÃO DOS DADOS

Os dados recolhidos junto dos inquiridos foram analisados e apresentados neste capítulo após uma análise estatística adequada, juntamente com o seu raciocínio e implicações.

Os resultados são discutidos à luz das variáveis independente e dependente e apresentados nos pontos seguintes:

4.1 Variáveis independentes

4.1.1 Caraterísticas sociopessoais dos inquiridos

4.1.2 Caraterísticas socioeconómicas dos inquiridos

4.1.3 Caraterísticas tecnológicas dos inquiridos

4.1.4 Caraterísticas sócio-psicológicas dos inquiridos

4.1.5 Práticas actuais em matéria de tecnologia de piscicultura mista

4.1.6 Constrangimentos na adoção de tecnologias compostas de piscicultura

4.2 Variável dependente

4.2.1 Grau de conhecimento dos piscicultores sobre a tecnologia de piscicultura composta

4.2.2 Análise de correlação e regressão múltipla da variável independente com o grau de conhecimento sobre a tecnologia de piscicultura composta

4.2.3 Grau de adoção pelos piscicultores da tecnologia de piscicultura composta

4.2.4 Análise de correlação e regressão múltipla das variáveis independentes com o grau de adoção da tecnologia de piscicultura composta

4.2.5 Medidas sugeridas pelos piscicultores para superar o problema na aplicação da tecnologia de piscicultura composta

4.1 Variáveis independentes

4.1.1 Caraterísticas sociopessoais dos inquiridos

4.1.1.1 Idade, educação, casta, tipo de tamanho da família

As variáveis independentes, ou seja, idade, educação, casta, tipo de família e dimensão da família, foram consideradas como caraterísticas sociopessoais dos inquiridos e os resultados são apresentados no Quadro 4.1.

Quadro 4.1 : Distribuição dos inquiridos de acordo com as suas caraterísticas sociopessoaisn $= 800$

Characteristics	Frequency	Percentage
(A) Age (Years)		
• Young (< 35)	27	37.75
• Middle (35+50)	45	56.25
• Old (> 50)	8	10
(B) Education		
• Illiterate	16	20.00
• Primary	23	28.75
• Middle	24	30.00
• High School	8	10.00
• Higher Secondary	6	7.50
• Under Graduate	3	3.75
(C) Caste		
• Schedule Caste (SC)	11	13.75
• Schedule Tribe (ST)	4	5
• Other Backward Class (OBC)	62	77.5
• General (G)	3	3.75
(D) Size of family		
• Small (< 5 Member)	29	36.25
• Medium (5-10 Member)	32	40
• Big (> 10 Member)	19	23.75

Os resultados revelam que a maioria dos inquiridos, isto é, 56,25 por cento, era de meia-idade, 37,75 por cento eram jovens e 10 por cento eram idosos. Isto indica que os principais grupos de piscicultores (grupo de meia idade) tinham mais interesse em aprender e adotar a tecnologia de piscicultura composta, em comparação com os grupos de jovens e idosos. Sinha (1989) também relatou que o grupo de meia idade dos piscicultores adoptou a tecnologia de piscicultura composta.

Entre os 80 piscicultores, cerca de 30,0 por cento tinham o ensino médio e 28,75 por cento tinham o ensino primário e 20 por cento dos piscicultores eram analfabetos, enquanto 10, 7,5 e 3,75 por cento tinham o ensino médio, o ensino secundário e o nível de graduação, respetivamente.

Isto indica que a maioria dos inquiridos tinha o ensino médio e os restantes tinham o ensino primário e o ensino superior.

Isto reflecte um bom sinal da difusão do conhecimento da tecnologia de piscicultura composta para aumentar a produção de peixe. Padhy (1993) estudou que a educação dos inquiridos tem um papel importante na adoção da tecnologia de piscicultura.

A maioria dos piscicultores pertencia à outra classe mais atrasada, ou seja, 77,5%, enquanto 13,75% dos agricultores pertenciam a uma casta, seguidos de 5 e 3,75% de uma tribo e casta geral, respetivamente.

Relativamente às famílias nucleares e conjuntas, verificou-se na área de estudo que a maioria dos agricultores, ou seja, 57,5%, pertencia a uma família nuclear, enquanto 42,5% pertenciam a uma família conjunta.

Os resultados também indicam que a maioria dos piscicultores pertence a famílias de tamanho médio (40%), enquanto que 36,25 e 23,7% pertencem a famílias de tamanho pequeno e grande, respetivamente.

4.1.2 Caraterísticas socioeconómicas dos inquiridos

As variáveis socioeconómicas consideradas para o estudo foram a propriedade da terra, a ocupação secundária, o rendimento anual e a aquisição de crédito.

4.1.2.1 Exploração de terras

Os dados apresentados na Tabela 4.2 revelam que a maioria dos piscicultores pertencia à categoria média (30%) e pequena (27.5%), enquanto que cerca de 20% dos piscicultores pertenciam à categoria marginal e 18.75% dos inquiridos pertenciam à categoria sem terra. Apenas 3,75 por cento dos piscicultores tinham mais de 5 hectares de terra.

Quadro 4.2 : Distribuição dos inquiridos segundo a sua propriedade fundiária

Categories	Frequency	Percentage
• Land less (No land holding)	15	18.75
• Marginal (< 1 ha)	16	20
• Small (1-2 ha)	22	27.5
• Medium (2.1-5 ha)	24	30.
• Big (> 5 ha)	3	3.75

4.1.2.2 Ocupação secundária

A distribuição dos inquiridos de acordo com o seu envolvimento em diferentes ocupações é dada na Tabela 4.3. Todos os inquiridos estavam envolvidos no cultivo de peixe, enquanto que a maioria deles praticava outras ocupações de apoio para aumentar o seu rendimento, o que por sua vez os ajudava a manter a sua empresa de peixe e também a satisfazer as necessidades da família. Cerca de 41,25 por cento dos inquiridos estavam envolvidos na agricultura.

Considerando que, 22.5. 18.7. 12,5, 2,5 e 2,5 por cento dos inquiridos estavam envolvidos em pesca + agricultura + outros, apenas piscicultura, pesca + serviços + negócios, pesca + criação de animais e pesca + agricultura + criação de animais, etc., respetivamente. Isto indica que a maior parte dos inquiridos adoptaram ocupações secundárias para apoiar a sua empresa de pesca.

4.1.2.3 Rendimento anual

O rendimento anual dos inquiridos, apresentado na Tabela 4.4, indica que 60 por cento dos piscicultores declararam ter um rendimento anual entre Rs. 25.001 e Rs. 50.000, enquanto que 25 por cento dos inquiridos tinham um rendimento anual entre Rs. 50.001 e 75.000. Os dados também mostraram que a maioria dos piscicultores estava obtendo um alto nível de renda das empresas de pesca. Sinha (1989) descobriu que 65% dos piscicultores tinham um estatuto económico baixo, baixo e médio, o que estava significativamente relacionado com a adoção de tecnologia de piscicultura composta.

Table 4.3   : Distribuição dos inquiridos de acordo com o seu envolvimento em
diferentes ocupações

Categories	Frequency	Percentage
• Only fish culture	15	18.75
• Fishery + Agriculture	33	41.25
• Fishery + Animal husbandry	2	2.5
• Fishery + Agriculture + Animal	2	25.
Husbandry	10	12.5
• Fishery + Service + Business	18	22.5
• Fishery + Agriculture + Others		

Table 4.4   : Distribuição dos inquiridos de acordo com o seu rendimento anual n = 80

Categories	Frequency	Percentage
• Up to Rs. 25,000	6	7.5
• Rs. 25,001 to Rs. 50,000	48	60
• Rs. 50,001 to Rs. 75,000	20	25
• > Rs. 75,000	6	7.5

Table 4.5   : Distribuição dos inquiridos de acordo com o seu tipo de ocupação e
rendimento médio

Categories	Average income/year (Rs.)	Percentage	Frequency	Percentage *
• Fishery	24625.0	23.30	80	100
• Agriculture	18937.5	17.95	56	70
• Animal husbandry	17678.5	16.73	14	17.5
• Business	24210.0	22.90	8	10
• Service/other	20200.0	19.12	3	3.75

* Percentagem baseada em respostas múltiplas

O padrão de ganhos dos inquiridos é apresentado na Tabela 4.5 e na Fig. 4.1. Os
resultados indicam que a principal fonte de rendimento dos inquiridos é a piscicultura, que
contribui com 23,30 por cento para o rendimento total, e o resto são negócios,

serviços/outros, agricultura e pecuária, que contribuem com 22,9, 19,12, 17,95 e 16,73 por cento, respetivamente. Isto indica que os inquiridos dependem principalmente da produção de peixe e do comércio, enquanto alguns deles também ganham com serviços/outros, agricultura e criação de animais.

4.1.2.4 Aquisição de créditos

Os dados da Tabela 4.6 revelam que a maioria dos inquiridos (61,25%) não adquiriu o crédito, enquanto apenas 38,75% dos inquiridos o adquiriram. A maioria dos inquiridos (70,96%) recorreu ao crédito a médio prazo, seguido do crédito a curto prazo (19,36%) e do crédito a longo prazo (9,68%). A maioria dos inquiridos adquiriu empréstimos a médio prazo, enquanto que uma baixa percentagem de inquiridos adquiriu empréstimos a longo prazo. Os empréstimos a médio e curto prazo foram contraídos para a compra de sementes de peixe, estrume e fertilizantes e para a alimentação suplementar, enquanto que os empréstimos a longo prazo foram contraídos para a compra da rede de arrasto.

A maioria dos inquiridos (38,70%) tinha obtido crédito junto de amigos/familiares, seguidos de 35,48% de inquiridos que tinham obtido crédito junto de um banco nacional. Por outro lado, 12,90, 9,67 e 3,22% dos inquiridos tinham obtido crédito de uma sociedade cooperativa, de um prestamista e de uma sociedade rural, respetivamente. Isto indica que os agricultores da área de estudo, a maioria dos inquiridos, receberam ajuda dos seus amigos/parentes e estão conscientes das facilidades oferecidas pela sociedade cooperativa do banco nacional. Entre os créditos adquiridos pelos piscicultores, a maior parte deles, 54,83%, tinha obtido crédito para a compra de sementes de peixe, seguido de 29,03% para a compra de estrume e fertilizantes, 9,67% para a compra de redes de arrasto e apenas 6,45% dos inquiridos tinham obtido crédito para o fornecimento de alimentos.

A maioria dos inquiridos (32,25%) afirmou que o crédito não estava disponível na altura certa. No entanto, 29,03% não enfrentaram qualquer problema na obtenção de crédito, seguidos de 16,15% de inquiridos que tinham falta de conhecimentos sobre o crédito, 12,90% de inquiridos que se depararam com noivas e burocracias para a obtenção de crédito e apenas 9,67% de inquiridos que se queixaram da elevada taxa de juro.

Table 4.6   : Distribuição dos inquiridos de acordo com a sua aquisição de crédito n=80

Particulars	Frequency	Percentage
(A) Credit acquisition (n=80)		
• Acquired	31	38.75
• Not acquired	49	61.25
(B) Duration of credit (n=31)		
• Short term	6	19.36
• Mid term	22	70.96
• Long term	3	9.68
(C) Source of credit (n=31)		
• Nationalized bank	11	35.48
• Co-operative society	4	12.90
• Friend/relatives	12	38.76
• Rural Society	1	3.22
• Money lender	3	9.67
(D) Purpose of credit (n=31)		
• Fish seed	17	54.83
• Manure and fertilizer	9	29.03
• Dragnet	3	9.67
• Food supply	2	6.45
(E) Problem in acquiring credit (n=31)		
• No problem	9	29.03
• Not available at proper time	10	32.25
• High rate of interest	3	6.67
• Lack of knowledge	5	16.15
• Bride and red tapism	4	12.90

4.1.3 Caraterísticas tecnológicas dos inquiridos

4.1.3.1   Propriedade da lagoa

Os dados apresentados na Tabela 4.7 indicam que do total de inquiridos (80), 100 por cento dos inquiridos tinham um tanque alugado para o cultivo de peixe, em que os 5 por cento dos inquiridos tinham um tanque próprio que não era alugado para a produção de peixe.

Os dados apresentados na Tabela 4.7 mostraram que a maioria dos inquiridos (55%) tinham até 10 anos de experiência em piscicultura, enquanto que 32,5% dos inquiridos tinham 11-20 anos de experiência em piscicultura e apenas 12,5% dos inquiridos tinham mais de 20 anos de experiência em piscicultura.

Os resultados da Tabela 4.7 indicam que a maioria dos inquiridos (73,25%) utilizou o tanque desde os últimos 8 anos, seguidos de 20% dos inquiridos que utilizaram o tanque desde os últimos 4 anos e 6,25% dos inquiridos que utilizaram o tanque desde os últimos 12 anos.

Os dados apresentados no Quadro 4.7 revelam que 96,25 por cento não interromperam a produção de peixe e apenas 3,75 por cento dos inquiridos interromperam a produção de peixe, devido à falta de dinheiro e à concorrência entre a comunidade para obter o arrendamento.

Os dados da Tabela 4.7 revelam que 43,75% dos inquiridos receberam ajuda técnica para a produção de peixe de outros piscicultores + oficial de pescas, enquanto que 17,5% dos inquiridos receberam ajuda do pessoal da extensão, 15% dos inquiridos receberam ajuda de outros piscicultores, 12,5% dos inquiridos receberam ajuda técnica de si próprios + de outros piscicultores + oficial de pescas e apenas 11,25% dos inquiridos dependeram da sua própria ajuda.

Os dados apresentados na Tabela 4.8 indicam que a maioria dos inquiridos (63,75%) tem 1,1 a 2 hectares de área de água do tanque, seguidos de 12,25% que têm 2,1 a 3 hectares, 15% que têm até 1 hectare de área de água do tanque e apenas (5%) que têm mais de 3 hectares de área de água do tanque. Isto indica que a área de água disponível do tanque para todos os inquiridos é adequada para o cultivo de peixes.

Tabela 4.7 : Distribuição dos inquiridos de acordo com a sua perceção sobre a técnica existente de piscicultura composta n = 80

Particulars	Frequency	Percentage
(A) Ownership of pond*		
• Self pond	4	5
• Lease pond	80	100
(B) Fish farming experience		
• Up to < 10 years	44	55
• 11-20 years	26	32.5
• > 20 years	10	12.5
(C) Utilization of pond		
• Since last 12 years	5	6.25
• Since last 8 years	59	73.25
• Since last 4 years	16	20
(D) Interval in fish production		
• Regulars production	77	96.25
• Break in production	3	3.75
(E) Technical help for fish production	9	11.25
• Self help	12	15
• Other fish farmers	14	17.5
• Extension personnel	35	43.75
• Other fish farmers + fishery officer	10	12.5
• Self + other farmers + fishery officer		

* Percentagem baseada em respostas múltiplas

4.1.3.7   Profundidade do tanque

Os dados apresentados na Tabela 4.8 revelam que a maioria dos inquiridos (50%) tinham 3.1 4 metros de profundidade de tanque, enquanto que 46.25 e 3.75% dos inquiridos tinham até 3 metros de profundidade de tanque e mais de 4 metros de profundidade de tanque, respetivamente. Isto indica que a profundidade do tanque é boa para o cultivo de peixe.

4.1.3.8   Disponibilidade de água

A maior parte dos inquiridos (62.5%) tem disponibilidade de água entre 8-11 meses e 37.5% dos inquiridos têm durante todo o ano. Isto indica que o máximo de inquiridos tem água disponível sazonalmente para o cultivo de peixes (Tabela 4.8).

4.1.3.9   Reabastecimento da lagoa

Os dados apresentados no Quadro 4.8 mostram que a maioria dos inquiridos (76,25%) não dispunha de instalações de enchimento, ao passo que 23,75% dos inquiridos dispunham de enchimento do tanque.

4.1.3.10 Fonte de água

O resultado apresentado na Tabela 4.8 revelou que do total (19) de inquiridos, 42,10% dos inquiridos utilizavam o poço tubular para encher os charcos, enquanto que 36,85 e 21,05 utilizavam o canal e o poço tubular para encher o charco, respetivamente.

4.1.3.11   Período de tempo entre reabastecimentos

Os dados apresentados no Quadro 4.8 revelam que a maioria dos inquiridos (52,64%) enchia os tanques com um intervalo de 20-30 dias. Enquanto que 26,35, 10,51 e 10,51 por cento dos inquiridos o fazem entre 31-40 dias, 41-50 dias e mais de 50 dias, respetivamente.

4.1.3.12   Custo médio do reabastecimento

A partir do resultado da Tabela 4.8, é evidente que, do total de inquiridos com reabastecimento, 42,10% dos inquiridos indicaram que o custo do reabastecimento variava entre 301 e 600 rupias e os restantes inquiridos (31,55%) indicaram que o custo do reabastecimento era superior a 600 rupias.

4.1.3.13   Custo médio de aluguer/lagoa/ano

Os dados apresentados no Quadro 4.8 indicam que a maioria dos inquiridos (53,75%) considerou que o custo médio do arrendamento/lagoa/ano se situa entre 2001 e 4000, seguido de 41,25 e 5% que atingem 2000 e mais de 4000, respetivamente.

4.1.3.14   Custo anual de manutenção

A maioria dos inquiridos (48,75%) tinha um custo de manutenção anual até 1000 rupias, seguido de 40 e 11,25% com custos de manutenção entre 1001 e 2000 rupias e mais de 2000 rupias, respetivamente (Quadro 4.8).

4.1.3.15 Fonte de sementes

Os dados apresentados na Tabela 4.9 indicam que 93,75 por cento dos inquiridos compraram a semente de peixe no mercado, enquanto que 3,75 e 2,5 por cento dos inquiridos receberam a semente da sociedade de produção de peixe e do grande piscicultor, respetivamente, de acordo com a sua disponibilidade.

4.1.3.16 Pagamento das sementes

A maioria dos inquiridos (63.75%) comprou a semente de peixe através de pagamento em dinheiro seguido de 30 e 6.5% através de pagamento em dinheiro + crédito e sistema de crédito, respetivamente (Tabela 4.9).

4.1.3.17 Disponibilidade de sementes

Os dados da Tabela 4.9 indicam que 92,5% dos inquiridos obtiveram as sementes de peixe muito facilmente e 7,5% dos inquiridos obtiveram as sementes de peixe com dificuldade, de acordo com a sua disponibilidade na área de estudo.

4.1.3.18 Período de disponibilidade das sementes

Os dados apresentados na Tabela 4.9 mostram que a maioria dos inquiridos (71,25%) disse que a semente de peixe estava disponível a tempo, enquanto que 18,75% dos inquiridos receberam a semente de peixe em tempo impróprio ou com atraso e 10% dos inquiridos disseram que a semente de peixe não estava disponível.

Tabela 4.8 : Distribuição dos inquiridos de acordo com a utilização dos tanques de peixes existentes para a produção de peixe composto

Categories	Frequency	Percentage
(A) Water area of the pond (ha)		
• Up to 1 ha	12	15
• 1.1 ha to 2 ha	51	63.75
• 2.1 ha to 3 ha	13	16.25
• > 3 ha	4	5
(B) Depth of the pond (mt)		
• Up to 3 mt	37	46.25
• 3.1 mt to 4 mt	40	50
• > 4 mt	3	3.75
(C) Availability of water (in month)	50	62.5
• 8-11 month	30	37.5
• Above 11 month		
(D) Refilling of the pond		
• With refilling pond	19	23.75
• Without refilling pond	61	76.25
(E) Source of water (n=19)		
• Canal	7	36.85
• Tube well	8	42.10
• Canal + Tube well	4	21.05
(F)Time period between refilling (n=19)	10	52.64
• 20-30 days	2	10.51
• 31-40 days	2	10.51
• 41-50 days	5	26.31
• > 50 days		
(G) Average cost of refilling (n=19)		
• Up to Rs. 300	6	31.55
• Rs. 301-600	8	42.10
• Above Rs. 600	5	26.35
(H) Average cost of lease/pond/year		
• Up to Rs. 2000	33	41.25
• Rs. 2001-4000	43	53.75
• Above 4000	4	5
(I) Annual maintenance cost		
• Up to Rs. 1000	39	48.75
• Rs. 1001 – Rs. 2000	32	40
• Above Rs. 2000	9	11.25

Quadro 4.9: Distribuição dos inquiridos de acordo com a disponibilidade de fontes (n=80)

Categories	Frequency	Percentage
(A) Source of seed		
• Fish production society	3	3.75
• Big fish farmer	2	2.5
• Market	75	93.75
(B) Type of breeds*		
• Rohu	79	98.75
• Catla	79	98.75
• Mrigal	66	82.5
• Grass carp	50	62.5
• Common carp	37	46.25
• Silver carp	42	52.5
(C) Payment of seed		
• Cash payment	51	63.75
• Credit	5	6.25
• Cash payment + credit	24	30.00
(D) Availability of seed		
• Easy available	74	92.5
• Available with difficulty	6	7.5
(E) Time of seed availability		
• Timely available	57	71.25
• Delay	15	18.75
• Not available	8	10.00

* Percentagem baseada em respostas múltiplas.

4.1.3.19 Fonte de comercialização

A maioria dos inquiridos (97,5%) vendeu os seus produtos ao vendedor inteiro, cerca de 81,25% ao retalhista e 40% dos inquiridos venderam os seus produtos às organizações de mercado (Quadro 4.10).

4.1.3.20 Fonte de transporte

Os dados apresentados no Quadro 4.10 indicam que 65% dos inquiridos utilizaram o Riksha/cicleta para o transporte dos produtos, cerca de 62,5% dos inquiridos utilizaram Tempo/Táxi, seguidos de 11,25 e 3,75% de matador e Halth Thela, respetivamente.

A maioria dos inquiridos (43,75%) referiu que utilizou o veículo próprio + alugado, enquanto 22,5, 20 e 13,75% dos inquiridos utilizaram o veículo alugado, o veículo próprio e não possuíam veículo, respetivamente (Quadro 4.10).

Os dados apresentados no Quadro 4.11 revelam que a maioria dos inquiridos (68,75%) utilizou fontes de informação de baixo nível, seguidos de 23,75% e 7,5% que utilizaram fontes de informação de nível médio e superior, respetivamente.

Os dados apresentados na Tabela 4.12 revelam a utilização das fontes de informação pelos inquiridos. As fontes de informação são classificadas em 12 categorias.

Entre as categorias, o máximo de inquiridos (92,50%) utilizou amigos/vizinhos/familiares como fonte de informação, seguido do pessoal da extensão, rádio, revista agrícola, televisão, especialista em pesca, institutos de formação, dia do agricultor/Mela/exposição, sociedade cooperativa, cientistas agrícolas, demonstrações e o mínimo (6,25%) de inquiridos utilizou Panch/Sarpanch (6,25%), respetivamente.

A maioria dos inquiridos (46.25%) disse que eles adoptaram a tecnologia de cultivo de peixe recomendada depois de verem o sucesso no tanque de outros agricultores, 30% dos inquiridos adoptaram logo depois de obterem a informação, seguidos por 10, 7.5 e 6.25% dos inquiridos disseram que a velha técnica é melhor que a nova, adoptaram depois de esperar e depois de conduzirem ensaios em pequena escala, respetivamente (Quadro 4.13). Resultados semelhantes foram também registados por Rogers e Shoemaker (1971).

Table 4.10   : Distribuição dos inquiridos de acordo com a disponibilidade de instalações de comercialização e transporte da produção piscícola n=80

Categories	Frequency	Percentage
(A) Source of marketing*		
• Retailer	65	81.25
• Wholesaler	78	97.50
• Market organization	32	40.00
(B) Source of transportation		
• Hath Thela	3	3.75
• Riksha/cycle	52	65.00
• Tempo/Taxi	50	62.50
• Metador-407	9	11.25
(C) Availability of vehicle		
• Not available vehicle	11	13.75
• Own vehicle	16	20.00
• Hired vehicle	18	22.50
• Own + Hired vehicle	35	43.75

* Percentagem baseada em respostas múltiplas.

Table 4.11   : Distribuição dos inquiridos de acordo com o grau de utilização das fontes de informação

Extent of information	Frequency	Percentage
• Low (up to 33.33%)	55	68.75
• Medium (33.34 – 66.66%)	19	23.75
• High (above 66.66%)	6	7.5

Table 4.12   : Distribuição dos inquiridos de acordo com a sua utilização das fontes de informação (n=80)

Categories	Frequency	Percentage	
• Friends/Neighbours/	74	92.50	I
Relatives	5	6.25	XII
• Panch/Sarpanch	14	17.5	IX
• Co-operative society	65	81.25	II
• Extension personnel	33	41.25	VI
• Fishery specialist	11	13.75	X
• Agricultural scientists	44	55	IV
• Agriculture magazine	53	66.25	III
• Radio	36	45	V
• Television	16	20	VIII
• Farmers day/Mela/	11	13.25	XI
exhibition	23	28.75	VII
• Demonstration			
• Training institute			

* Percentagem baseada em respostas múltiplas.

Table 4.13   : Distribuição dos inquiridos de acordo com a sua capacidade de inovação relativamente à tecnologia recomendada para a piscicultura composta n=80

Categories	Frequency	Percentage
• Adopted just after the getting information	24	30
	5	6.25
• After conducting trails on small scale	37	46.25
	6	7.5
• After seeing success on the other farmers	8	10
• Adopted after waiting		
• Old technique is better than new one		

4.1.4.2 Opinião sobre a tecnologia moderna de piscicultura mista

Os dados da Tabela 4.14 indicam que no que diz respeito à tecnologia de piscicultura composta, a maioria dos inquiridos (48,75%) tinha uma opinião favorável, 42,5% dos inquiridos tinham dado uma opinião mais favorável e apenas 8,75% relataram uma opinião menos favorável. Isto indica que os inquiridos têm um conhecimento satisfatório sobre a tecnologia de piscicultura composta e gostariam de a adotar.

Tabela 4.14: Distribuição dos inquiridos de acordo com a sua opinião geral sobre a tecnologia de piscicultura composta (n=80)

Categories	Frequency	Percentage
• Less favouable (up to 8 score)	7	8.75
• Favourable (9 to 16 score)	39	48.75
• More favourable (17 to 24 score)	34	42.5

4.1.5   Práticas actuais em matéria de tecnologia de piscicultura mista

Tradicionalmente, a maioria dos agricultores usava a técnica de cultivo de peixe existente na área de estudo desde tempos antigos. Os dados apresentados na Tabela 4.15 revelam que dos 80 inquiridos, 72 utilizavam a técnica existente de controlo de ervas daninhas. Os resultados mostraram que dois tipos de ervas daninhas, o primeiro foi a planta daninha, dos 72 inquiridos o máximo (41,64) por cento usou o método manual ou à mão para o controlo das ervas daninhas, seguido pela ajuda de barco (11,10%), corda (8,75%), rede de arrasto (18,75%) e secagem do tanque (11,010%). Cerca de 22,85% dos inquiridos controlaram com a secagem do tanque e 20% com a utilização de bolo de óleo de Mahua.

Tabela 4.15: Distribuição dos inquiridos relativamente à utilização das práticas existentes na tecnologia de piscicultura composta n=80

S.N.	Name of practices	Existing techniques	Freque ncy	Percentage
1.	**Weed control** **Weed plant**	1. By hand 2. With the help of boat	30 8	41.64 11.10

	(n=72)	3. With the help of bamboo	4	5.56
		4. With the help of rope	7	8.75
		5. With the help of dragnet	15	18.75
		6. Drying the pond	8	11.10
	Weed fish (n=35)	1. With the help of dragnet	20	57.15
		2. Mahua oil cake	7	20
		3. Drying the pond	8	22.85
2.	Manure/fertilizer (n=43)	1. Broad casting before the refilling	15	34.88
		2. With the help of manure & fertilizer mix solution	16	37.21
		3. Making heap of manure	12	27.91
3.	Fish seed (n=80)	1. Fingerlings	46	57.5
		2. At about one month of fish seed	21	26.25
		3. Fish with egg	7	8.75
		4. Natural breeding seed in the pond	6	7.5
4.	Marketing (n=80)	1. Retail in the pond	74	92.5
		2. Fried fish in retail selling	6	7.5
5.	Feed management (n=32)	1. Self prepared mix broadcasting	27	84.37
		2. Different type of khali, dana with the help of net	5	15.63
6.	Disease/inset (n=22)	1. Keep out with the help of dragnet, chouki (net)	7	31.82
		2. Using Potash	12	54.54
		3. Fish deeping treatment in the salt solution	3	13.64
7.	Harvesting of fish (n=69)	1. With the help of chouki, cast net	30	43.47
		2. With the help of kanta	12	17.39
		3. With the help of gillnet	17	24.63
		4. With the help of Mahua oil cake	7	10.14
		5. With the help of poison bet	3	4.34
8.	Other fish (n=72)*	1. Mangur	17	23.61
		2. Talapiya	17	23.61
		3. Kotari	42	58.34
		4. Tengna	39	54.16
		5. Khoksi	13	18.05
		6. Bhunda	9	12.5
		7. Kevai	6	8.33

* Percentagem baseada em respostas múltiplas

Dos 43 inquiridos, a maioria (37,21%) utilizava uma solução de mistura de estrume e fertilizante para a aplicação de estrume e fertilizante por difusão antes do reenchimento

(34,88%) e fazendo um monte de estrume.

A maioria dos inquiridos (57.5%) usou alevins como semente para o cultivo de peixe, enquanto que 26.25% dos inquiridos tomaram cerca de um mês de semente de peixe. Cerca de 8,75 por cento usaram peixes existentes com ovos e 7,5 por cento dos inquiridos acreditavam na reprodução natural das sementes no tanque.

Em relação à comercialização, o máximo de inquiridos (92,5%) vendeu os seus produtos a retalho no tanque e apenas 7,5% dos inquiridos venderam peixe frito no sistema de venda a retalho.

Dos 32 inquiridos, a maioria (84,37%) utilizou uma mistura de ração preparada pelo próprio e apenas 15,63% utilizaram diferentes tipos de khalli, dana, com a ajuda de uma rede, como ração.

Dos 22 inquiridos para controlar as doenças e os insectos, 54,54% utilizaram potassa. Enquanto 31,82% dos inquiridos utilizaram rede de arrasto e chouki (rede) e um mínimo de 13,64% utilizaram o tratamento de aprofundamento dos peixes em solução salina.

No que diz respeito à apanha do peixe, o máximo de inquiridos (43,47%) utilizou o chouki e a rede de fundição, enquanto que 24,63% dos inquiridos utilizaram redes de emalhar, seguidos de kanta, bolo de óleo de mahua e aposta venenosa (17,39, 10,14 e 4,34%, respetivamente).

Dos 72 inquiridos, a maioria (58.34%) utilizou o peixe Kotari para o cultivo, seguido de 54.16, 23.61, 23.61, 18.05 e 8.33 por cento dos inquiridos utilizaram Tagna, Mangur, Talapiya, Khoksi, Bhunda e Kevai, respetivamente.

4.1.6 Constrangimentos na adoção de tecnologias compostas de piscicultura

4.1.6.1 Constrangimentos tecnológicos percebidos pelos piscicultores na adoção da tecnologia recomendada para a piscicultura composta

Os dados apresentados no Quadro 4.16 revelam que o custo elevado da preparação do tanque e do abastecimento de água foi considerado como o maior constrangimento (81,67 MPS). No que diz respeito aos constrangimentos relacionados com a erradicação de ervas daninhas, verificou-se que a maioria dos inquiridos (36,67 MPS) enfrentou o alto custo do método. Enquanto a aplicação de fertilizantes no tanque entre os principais constrangimentos, a maioria dos inquiridos (25,41 MPS) tinha falta de conhecimento e o mínimo era devido ao tanque do governo (20,62 MPS).84 MPS inquiridos referiram que a falta de conhecimentos, 12,5 MPS constataram o elevado custo dos alevins e 12,08 MPS enfrentaram a indisponibilidade de raças melhoradas e a sua proporção.Entre os principais constrangimentos no controlo de doenças e insectos nocivos, a falta de conhecimentos foi classificada em primeiro lugar com 45 MPS, enquanto a falta de proficiência técnica foi classificada em segundo lugar com 28,33 MPS. No que diz respeito aos constrangimentos relacionados com a apanha do peixe, verificou-se que a maioria dos inquiridos (40,20 MPS) enfrentou a indisponibilidade de rede de arrasto e 23,66 MPS foi encontrado o alto custo da apanha do peixe. 19,79 MPS os inquiridos relataram que devido ao tempo impróprio da instalação de transporte e 19.Em relação à comercialização, o primeiro grande constrangimento (57,5 MPS) foi a flutuação do preço durante as diferentes estações e funções religiosas, seguido de 12,5 MPS pelos inquiridos devido à falta de conhecimento, enquanto que apenas 6,25 MPS foram encontrados devido à indisponibilidade do mercado grossista.

4.1.6.2   Efeito dos diferentes constrangimentos percebidos pelos criadores de peixes na adoção de uma piscicultura composta recomendada

No que respeita aos constrangimentos (Quadro 4.17) relacionados com a natureza, a precipitação irregular foi considerada o maior constrangimento, com 86,67 MPS. As condições de seca foram registadas como o segundo maior constrangimento (53,75 MPS) e as condições do solo foram consideradas como o terceiro constrangimento importante com 6,67 MPS.

Tabela 4.16 : Constrangimentos tecnológicos percebidos pelos piscicultores na adoção da tecnologia recomendada de piscicultura composta (n=80)

Technology constraints	MPS*	Ranks
(A) Pond preparation and water supply		
• Timely not availability of different input	70	II
• High cost of preparation	81.67	I
• Not available irrigation source	15.62	III
(B) Eradication of weeds		
• Lack of knowledge	31.25	I
• High Cost of method	36.67	II
(C) Fertilizer application in pond		
• Lack of knowledge	25.41	I
• Due to Govt. pond	20.62	II
(D) Improved breeds and their ratio		
• Lack of knowledge	25.84	I
• Not available	12.08	III
• High cost of fingerlings	12.5	II
(E) Feed management		
• Not available	35.41	II
• High cost of feed	51.67	I
(F)Control of disease/ harmful insect		
• Lack of knowledge	45	I
• Lack of technical proficiency	28.33	II
(G) Harvesting of fish		
• High cost	23.66	II
• Not available dragnet	40.20	I
(H) Transportation		
• High cost of transportation	19.28	II
• Not available at proper time	19.79	I
(I) Market		
• Fluctuation in price during different seasons	10	III
• Fluctuation in price during religious function	47.5	I
• Not available wholesale market	6.25	IV
• Lack of knowledge	12.5	II

MPS* Pontuação média por cento.

No que diz respeito aos constrangimentos pessoais, os problemas relacionados com a casa, com 31,87 MPS, foram registados como o primeiro constrangimento. A falta de competência técnica (29,79 MPS) foi classificada como o segundo obstáculo, seguida da falta de tempo para a inspeção (20,83 MPS).

A antipatia entre a família e a sociedade constituiu o maior constrangimento social (36.04 MPS). No que diz respeito aos constrangimentos económicos, a falta de conhecimento (48.34 MPS), foi o maior constrangimento seguido pela alta taxa de juros (41.47 MPS), falta de facilidade de crédito (35 MPS), tempo impróprio (32.Enquanto que os dados registados para os constrangimentos institucionais revelam que a falta de facilidades de extensão (91,87 MPS) foi o maior constrangimento, enquanto que a falta de uma sociedade cooperativa ficou em segundo lugar (15 MPS) seguida pela falta de conhecimento sobre a ajuda da instituição (10,62 MPS).

4.2 Variável dependente

4.2.1 Grau de conhecimento dos piscicultores sobre a tecnologia de piscicultura composta

Para o sucesso de qualquer programa, é imperativo que a clientela tenha um bom conhecimento dos seus diferentes aspectos de gestão e operacionais.

4.2.1.1 Grau de conhecimento dos piscicultores sobre a tecnologia de piscicultura composta

O grau de conhecimento foi analisado em relação à tecnologia de piscicultura composta. Os resultados são apresentados na Tabela 4.18. No que diz respeito ao grau de conhecimento, os resultados revelaram que os inquiridos (48,75%) tinham um nível médio de conhecimento (entre 33,34 - 66,66%) em relação à reparação do tanque e ao abastecimento de água. Quanto à erradicação de ervas daninhas, a maioria dos inquiridos (56,25%) referiu um nível médio (entre 33,34 e 66,66%), seguido de 47,5, 46,25, 52,5 e 57,75% de aplicação de fertilizantes no tanque, seleção de sementes e respectiva proporção, gestão da alimentação e alimentação suplementar e medidas de controlo de insectos nocivos e doenças, que referiram um nível médio (entre 33,34 e 66,66%) de conhecimentos, respetivamente. Relativamente ao conhecimento sobre a colheita dos peixes, 70

Table 4.17   : Efeito dos diferentes constrangimentos percebidos pelos piscicultores na adoção da tecnologia recomendada de piscicultura composta (n=80)

Constraints	MPS*	Ranks
(A) Natural		
• Erratic rainfall	86.67	I
• Due to drought condition	53.75	II
• Soil is not good	6.67	III
(B) Personal		
• Lack of technical proficiency	29.79	II
• Home related problems	31.87	I
• Lack of time for the inspection	20	III
(C) Social		
• Dislike among the family and social	36.04	I
• Competition for getting the ponds	18.75	III
• Not acquired mixed fish cultivation	20.83	II
(D) Economical		
• Requirement of more investment	6.67	V
• Not available proper time	32.5	IV
• Lack of credit facility	35	III
• High rate of interest	41.87	II
• Lack of knowledge	48.34	I
(E) Institutional		
• Lack of co-operative society	15	II
• Lack of extension facility	91.87	I
• Lack of knowledge about institution help	10.62	III
(F)Control of disease/ harmful insect		
• Lack of knowledge	45	I
• Lack of technical proficiency	28.33	II
(G) Harvesting of fish		
• High cost	23.66	II
• Not available dragnet	40.20	I
(H) Transportation		
• High cost of transportation	19.28	II
• Not available at proper time	19.79	I
(I) Market		
• Fluctuation in price during different seasons	10	III
• Fluctuation in price during religious function	47.5	I
• Not available wholesale market	6.25	IV
• Lack of knowledge	12.5	II

MPS* Pontuação média por cento.

por cento dos inquiridos tinham um nível elevado (> 66,66%) de conhecimentos. Ghosh (1988) também corroborou resultados semelhantes.

Table 4.18   : Distribuição dos inquiridos de acordo com o seu grau de conhecimento sobre a tecnologia de piscicultura composta n=80

Various steps of Technology	Extent of Knowledge			
	Nil (0.00%)	Low (up to 33.33%)	Medium (33.34-66.66%)	High (above 66.66%)
• Pond preparation and water supply	-	10 (12.5)	39 (48.75)	31 (38.75)
• Eradication of weed	-	19 (23.75)	45 (56.25)	16 (20)
• Fertilizer application in pond	-	7 (8.75)	38 (47.5)	35 (43.75)
• Selection of seeds and their ratio	-	9 (11.25)	37 (46.25)	34 (42.5)
• Management of feed and supplementary feed	-	15 (18.75)	42 (52.5)	23 (28.75)
• Control measure of harmful insect/disease	-	24 (30)	47 (58.75)	9 (11.25)
• Harvesting of the fish	-	6 (7.5)	18 (22.5)	56 (70)

Nota: Os números entre parêntesis indicam a percentagem

4.2.1.2   Conhecimento geral dos piscicultores sobre a tecnologia de piscicultura composta

A tabela 4.19 revelou que a maioria dos inquiridos (58.75%) tinha um nível médio de conhecimentos, enquanto que 36.2 e 5% dos inquiridos tinham um nível alto e baixo de conhecimentos sobre os diferentes passos da tecnologia de piscicultura composta, respetivamente.

Tabela 4.19 : Distribuição dos inquiridos de acordo com o seu conhecimento geral sobre a tecnologia de piscicultura composta n=80

Categories	Frequency	Percentage
• Low knowledge (up to 33.33%)	4	5
• Medium knowledge (33.34 –	47	58.75
66.66%)	29	36.25
• High knowledge (above 66.66%)		

4.2.1.3 Grau de conhecimento e lacunas de conhecimento sobre as várias etapas da tecnologia de piscicultura composta

O grau geral de conhecimento e as lacunas de conhecimento dos inquiridos em relação aos vários passos da tecnologia de piscicultura composta são ilustrados na Fig. 4.2 e na Tabela 4.20.

Os resultados revelaram que 37% dos inquiridos referiram lacunas na preparação do tanque e no abastecimento de água e 50,46% na erradicação de ervas daninhas, enquanto que 41,85, 39,25, 46,25, 56,1 e 17,65% dos inquiridos referiram lacunas na aplicação de fertilizantes no tanque, na seleção de sementes e na sua proporção, na gestão da alimentação e alimentação suplementar, nas medidas de controlo de insectos nocivos e doenças e na colheita dos peixes, respetivamente. A diferença total de 41,17% foi registada em relação aos vários passos da tecnologia da piscicultura composta.

4.2.2   Análise de correlação e regressão do grau de conhecimento

4.2.2.1   Análise de correlação e regressão múltipla da variável independente com o grau de conhecimento sobre a tecnologia de piscicultura composta

Para determinar a relação entre as variáveis dependentes e independentes e os resultados da análise de correlação foram aplicados e são apresentados na Tabela 4.21. De 17 variáveis, apenas duas variáveis, isto é, fonte de informação e facilidades de transporte foram encontradas positivamente e significativamente correlacionadas a um nível de probabilidade de 0,01 e 0,05, com o grau de conhecimento sobre a tecnologia de piscicultura composta. Bankey et al. (1999) relataram que o número de fontes de informação estava positivamente associado ao conhecimento dos piscicultores.

As restantes 15 variáveis independentes não indicaram qualquer relação significativa com o conhecimento dos agricultores sobre a tecnologia de piscicultura composta.

Tabela 4.20 : Distribuição dos inquiridos de acordo com o grau de conhecimento e lacunas de conhecimento sobre a tecnologia de piscicultura composta n=80

Various steps of Technology	Total obtainable score	Total obtainable score	Percentage knowledge	Percentage knowledge gap
• Pond preparation and water supply	800	504	63	37
• Eradication of weed	640	317	49.54	50.46
• Fertilizer application in pond	480	279	58.15	41.85
• Selection of seeds and their ratio	800	486	60.75	39.25
• Management of feed and supplementary feed	800	430	53.75	46.25
• Control measure of harmful insect/disease	640	281	43.90	56.1
• Harvesting of the fish	640	527	82.35	17.65
• Overall knowledge	4800	2824	58.83	41.17

Todas as 17 variáveis independentes foram ajustadas na equação de regressão para determinar a contribuição da variável independente no conhecimento dos piscicultores sobre a tecnologia da piscicultura composta. Das variáveis independentes analisadas, apenas as fontes de informação, o transporte e a educação dos piscicultores mostram um efeito significativo no conhecimento da tecnologia da piscicultura composta. O valor F correspondente (2,21) para o modelo foi considerado significativo ao nível de 0,05 de probabilidade com 17 e 62 df. Portanto, sugere-se que para aumentar o conhecimento dos agricultores sobre a tecnologia de produção de peixes compostos. Devem ser feitos esforços para a utilização efectiva das fontes de informação existentes e dos meios de transporte pelos agricultores instruídos.

Tabela 4.21: Análise de correlação e regressão múltipla da variável independente com o grau de conhecimento sobre a tecnologia de piscicultura composta

Variables	Coefficient of correlation "r" value	Partial regression coefficient	
		"b" Value	"t" Value
• X_1 Age	-0.0023	0.21	0.196
• X_2 Education	0.1395	0.119	1.927
• X_3 Caste	-0.0385	0.073	6.676
• X_4 Type of family	0.0620	-0.168	0.839
• X_5 Size of family	0.0320	0.146	1.202
• X_6 Land holding	-0.06764	0.038	0.612
• X_7 Occupation	-0.0703	0.053	1.468
• X_8 Annual income	0.1507	0.105	1.191
• X_9 Credit acquisition	0.0806	0.012	0.193
• X_{10} Availability of seed and feed	0.1916	0.122	1.266
• X_{11} Water area	0.1004	0.107	1.143
• X_{12} Source of refilling	0.1603	0.136	0.876
• X_{13} Source of information	0.4049**	0.361	3.564**
• X_{14} Transportation	0.2348*	0.149	2.199*
• X_{15} Marketing	0.1022	0.085	1.178
• X_{16} Innovation proneness	0.1647	0.031	0.563
• X_{17} Opinion	0.1963	0.011	0.113

* Significativo ao nível de 0,05 de probabilidadeMúltiplo $R^2 = 0,6147$

** Significativo ao nível de 0,01 de probabilidadeIntercepção   constante (a) = 0,06

Valor "F" = 2,21 (com 17 e 62 df.)

4.2.3 Grau de adoção pelos piscicultores da tecnologia de piscicultura composta

Foi analisado o grau de adoção geral e a lacuna de adoção em relação a várias etapas da tecnologia de piscicultura composta.

4.2.3.1 Grau de adoção pelos piscicultores da tecnologia de piscicultura composta

O grau de adoção foi analisado em relação à tecnologia de piscicultura composta.

Os resultados são apresentados no Quadro 4.22.

No que diz respeito ao grau de adoção, os resultados revelaram que (75%) dos inquiridos tinham um nível médio de adoção (entre 33,34 - 66,66%) no que diz respeito à preparação do tanque e ao abastecimento de água, no que diz respeito à erradicação de ervas daninhas, a maioria dos inquiridos (96,25%) relatou um baixo nível de adoção (até 33,33%), enquanto que 63,75% dos inquiridos relataram um baixo nível de adoção no que diz respeito à aplicação de fertilizantes no tanque. Cerca de 51,25% dos inquiridos tinham um nível médio de adoção da seleção de alevins e da sua proporção, 51,25% dos inquiridos não tinham adotado a gestão da alimentação e da alimentação suplementar, 67,5% dos inquiridos tinham um nível baixo de adoção de medidas de controlo de insectos nocivos e doenças. A maioria dos inquiridos tinha um elevado nível de adoção da colheita do peixe (86,25%). Os resultados estão em conformidade com a opinião de Pounraj e Sripal (1997).

4.2.3.2 . Adoção global da tecnologia de piscicultura composta pelos piscicultores

A maioria dos inquiridos (66,25%) tinha um baixo nível de adoção, enquanto 30 e 3,75% dos inquiridos tinham um nível médio e alto de adoção dos vários passos da tecnologia de piscicultura composta, respetivamente. Sinha (1989) também descobriu que a adoção da tecnologia da piscicultura composta estava positiva e significativamente correlacionada com algumas variáveis independentes.

4.2.3.3 Grau de adoção e lacunas na adoção de várias etapas da tecnologia de piscicultura composta

O grau de adoção e a lacuna de adoção dos inquiridos em relação aos vários passos da tecnologia de piscicultura composta são ilustrados nas Figuras 4.3 e 4.24.

Os resultados revelam que 44,73% das lacunas foram estimadas em relação à preparação do tanque e abastecimento de água, 83,80% em relação à erradicação de ervas daninhas, enquanto 86,2, 40,85, 89,05, 89,15 e 19,65% das lacunas foram estimadas em relação à aplicação de fertilizantes no tanque, seleção de sementes e sua proporção, gestão da alimentação e alimentação suplementar, medidas de controlo de insectos nocivos e doenças e colheita dos peixes, respetivamente. A diferença total de 71,63% foi encontrada em relação aos vários passos da tecnologia de piscicultura composta. Resultado semelhante foi também encontrado por Padhy (1993).

Table 4.22 : Distribuição dos inquiridos de acordo com o seu grau de adoção da tecnologia de piscicultura composta

Various steps of Technology	Extent of adoption			
	Nil (0.00%)	Low (up to 33.33%)	Medium (33.34-66.66%)	High (above 66.66%)
• Pond preparation and water supply	-	3 (3.75)	60 (75)	17 (21.25)
• Eradication of weed	2 (2.5)	77 (96.25)	1 (1.25)	-
• Fertilizer application in pond	23 (28.75)	51 (63.75)	6 (7.5)	-
• Selection of seeds and their ratio	-	3 (3.75)	41 (51.25)	36 (45)
• Management of feed and supplementary feed	41 (51.25)	33 (41.25)	6 (7.5)	-
• Control measure of harmful insect/disease	17 (21.25)	54 (67.5)	9 (11.25)	-
• Harvesting of the fish	-	-	11 (13.75)	69 (86.25)

Nota: Os números entre parêntesis indicam a percentagem

Table 4.23 : Distribuição dos inquiridos de acordo com a sua adoção geral da tecnologia de piscicultura composta (n=80)

Categories	Frequency	Percentage
• Low adoption (up to 33.3%)	53	66.25
• Medium adoption (33.34 – 66.66%)	24	30.00
• High adoption (above 66.66%)	3	3.75

Table 4.24 : Grau de adoção e lacuna de adoção dos inquiridos sobre a tecnologia de piscicultura composta n=80

Various steps of Technology	Total obtainable score	Total obtained score	Percentage adoption	Percentage adoption gap
• Pond preparation and water supply	640	355	55.47	44.73
• Eradication of weed	2240	362	16.20	83.80

• Fertilizer application in pond	1120	154	13.75	86.25
• Selection of seeds and their ratio	960	568	59.15	40.85
• Management of feed and supplementary feed	640	70	10.95	89.05
• Control measure of harmful insect/disease	1440	156	10.85	89.15
• Harvesting of the fish	640	514	80.35	19.65
• Overall adoption	7680	2179	28.37	71.63

4.2.4   Análise de correlação e regressão do grau de adoção

4.2.4.1   Análise de correlação e regressão múltipla das variáveis independentes com o grau de adoção da tecnologia de piscicultura mista

Para determinar a relação entre a independência e o grau de adoção dos agricultores, a análise de correlação foi analisada e os resultados resumidos são apresentados na Tabela 4.25.

Das 17 variáveis independentes, apenas duas variáveis, como a propriedade fundiária e a comercialização, se revelaram positivas e significativamente correlacionadas, a um nível de probabilidade de 0,01, com a adoção da tecnologia da piscicultura mista. As restantes 15 variáveis não indicaram qualquer relação significativa com a adoção da tecnologia de piscicultura composta.

A análise de regressão múltipla foi aplicada para determinar a capacidade de previsão e a contribuição das variáveis independentes no grau de adoção da tecnologia de piscicultura composta pelas explorações. Das 17 variáveis independentes selecionadas na análise, apenas a disponibilidade de sementes mostrou um efeito significativo na adoção da tecnologia de piscicultura composta. O valor F correspondente (1,63) para o modelo foi considerado não significativo ao nível de 0,5 de probabilidade com 17 e 62 df. Portanto, sugere-se que para aumentar a adoção da tecnologia de piscicultura composta, devem ser feitos esforços para a disponibilidade atempada de sementes e alimentos para os piscicultores. Um resultado quase semelhante foi também registado por Sinha (1989).

Quadro 4.25: Análise de correlação e regressão múltipla da variável independente com o grau de adoção da tecnologia de piscicultura composta

Variables	Coefficient of correlation "r" value	Partial regression coefficient	
		"b" Value	"t" Value
• X_1 Age	0.0683	0.063	0.553
• X_2 Education	-0.1396	0.014	0.217
• X_3 Caste	0.0000	0.059	0.518
• X_4 Type of family	-0.0796	-0.317	1.510
• X_5 Size of family	0.0808	0.235	1.1857
• X_6 Land holding	-0.383	-0.092	1.400
• X_7 Occupation	-0.1741	0.053	1.409
• X_8 Annual income	-0.0078	0.064	0.696
• X_9 Credit acquisition	0.1570	0.068	1.012
• X_{10} Availability of seed and feed	0.1912	0.205	2.035
• X_{11} Water area	-0.0119	0.020	0.201
• X_{12} Source of refilling	0.2046	0.176	1.086
• X_{13} Source of information	0.0858	-0.076	0.722
• X_{14} Transportation	0.1030	-0.049	0.686
• X_{15} Marketing	0.2652	0.167	0.223
• X_{16} Innovation proneness	-0.1538	-0.013	0.223
• X_{17} Opinion	0.0400	-0.100	0.949

* Significativo ao nível de probabilidade de 0,05 Múltiplo $R_2 = 0,5552$

** Significativo ao nível de 0,01 de probabilidade Intercepção   constante (a) = 0,06

Valor "F" = 1,63 (com 17 e 62 df.)

4.2.5   Medidas sugeridas pelos piscicultores para superar o problema na aplicação da tecnologia de piscicultura composta

A fim de maximizar o nível de produção da piscicultura pelos inquiridos. Os resultados obtidos são apresentados sob a forma de frequência e percentagem na Tabela 4.26.

Tabela 4.26 : Medidas sugeridas pelo piscicultor para superar o problema na aplicação da tecnologia de piscicultura composta n=80

Suggested measures	Frequency	Percentage
• Refilling facility should be provided	43	53.75
• Supply of pure seed of carps	31	38.75
• Provision of optimum credit for fish cultivation	27	33.75
• Proper training for handing and use of technology	23	28.75
• Supply of seed through the Govt. organization	22	27.5
• Pond should be private and free for use of the technology	18	22.5
• More contact with extension personnel	17	21.25
• Supply of supplementary feed	17	21.25
• More exposure with the technology of composite fish culture	15	18.75
• Control of weeds & fish disease	13	16.25
• Improvement of market & transport facilities	12	15
• Provision of soil, water and natural feed	11	13.75
• Establishment of fish farmers organization	8	10

O máximo de piscicultores (53,75%) sugeriu que deveria ser providenciada uma instalação de reabastecimento. Enquanto o mínimo sugeriu que a organização dos piscicultores deveria ser estabelecida a nível da aldeia. Cerca de 38.75, 33.75 e 28.75 por cento forneceram sementes puras de carpas, e forneceram o melhor crédito para o cultivo de peixes. Cerca de 28,75 por cento devem receber formação adequada para o manuseamento e utilização de tecnologia. Fornecimento de sementes através da organização governamental (27,5%), os tanques devem ser privados e livres para o uso da tecnologia (22,25%), mais contacto com o pessoal da extensão (21,25%), fornecimento de alimentação suplementar (21,25%). No entanto, 18.75, 16.25, 15 por cento dos inquiridos disseram que uma maior exposição à tecnologia da piscicultura composta, o controlo das sementes e das doenças dos peixes é essencial para a melhoria do mercado e para o fornecimento de facilidades de transporte, mas 13.75 por cento dos inquiridos disseram que o fornecimento de solo, água e alimentação natural é essencial.

CAPÍTULO 5

RESUMO

O presente inquérito foi efectuado no distrito de Raipur, em Chhattisgarh, durante o ano de 2002. Para este estudo, foram selecionados aleatoriamente 80 inquiridos do bloco de Dharsiwa do distrito de Raipur. O programa da entrevista foi concebido com base no objetivo e para a recolha de dados através de uma entrevista pessoal. Os dados foram recolhidos e depois tabulados em folhas de codificação, tendo sido efectuada uma análise adequada para interpretar os resultados. As principais conclusões do estudo são resumidas a seguir:

No que diz respeito às caraterísticas sócio-pessoais, a maioria dos inquiridos tinha entre 35 e 50 anos de idade, pertencia a outra classe mais atrasada (77,5%) e tinha um nível de educação médio. Relativamente ao sistema familiar, a maioria dos inquiridos pertencia a um sistema familiar nuclear e o maior número de piscicultores tinha uma família de tamanho médio.

No que diz respeito às caraterísticas sócio-económicas, a maioria dos piscicultores (30^A) tinha uma dimensão média de propriedade e apenas 3,75% pertenciam à categoria dos grandes agricultores. Todos os piscicultores tinham como principal ocupação a produção de peixe, seguida por 41,25% de piscicultores que se dedicavam à pesca + criação de animais, 2,5% à pesca + agricultura + criação de animais.

A maioria dos piscicultores (60%) pertencia à categoria de rendimento anual de Rs. 25001 a 50.000 e a mais baixa tinha mais de Rs. 75.000 e até Rs. 25.000. Para 7,5% dos piscicultores, a produção de peixe contribuiu com 23-30% do rendimento total e 16,73% do rendimento foi obtido da criação de animais. No que respeita à aquisição de crédito, do total de agricultores, apenas 38,75% adquiriram crédito, dos quais 70,96% obtiveram crédito a médio prazo e apenas 9,68% a longo prazo.

No que diz respeito às técnicas existentes de piscicultura, a maioria dos piscicultores utilizou o método manual e a seca para o controlo das ervas daninhas. Enquanto que a maioria dos piscicultores utilizou estrume e solução de mistura de fertilizantes para a aplicação de fertilizantes.

A maior parte dos agricultores usaram alevins como semente para o cultivo de peixe e vendem os seus produtos a retalho no tanque. Para controlar as doenças e os insectos, o maior número de agricultores utilizou potassa. Enquanto que, para a colheita dos peixes, foi adoptada a técnica do chouki e da rede de fundição.

Dentro das variáveis tecnológicas, a semente é a variável mais importante no cultivo de peixe. A maioria dos agricultores compra facilmente as sementes de peixe no mercado, em dinheiro, na altura certa.

No que respeita à área de água do tanque, a maioria dos inquiridos possui uma área de 1,1-2 hectares em que a água está disponível durante 8-11 meses. A maioria dos agricultores (76,25%) não dispõe de instalações de reabastecimento, ao passo que 23,75% dos inquiridos utilizam um poço tubular para reabastecer o lago, com um custo médio de 300-600 rupias.

No que diz respeito à fonte de informação, a maioria dos inquiridos (68,45%) utilizou várias fontes de informação, até certo ponto. Os amigos, os vizinhos e os familiares foram a principal fonte de informação. A principal fonte de transporte dos produtos é o transporte próprio + aluguer de riquexó/ciclo, seguido de tempo/táxi, metador e hath thela. A maioria dos inquiridos (97,5%) vendeu os seus produtos a vendedores inteiros.

No que diz respeito às variáveis sócio-psicológicas, a maioria dos agricultores (46,25%) adoptou a piscicultura recomendada depois de ver o sucesso de outros agricultores, enquanto que alguns agricultores adoptaram apenas depois de obterem a informação. A maioria dos inquiridos (48,75%) tinha conhecimentos favoráveis e satisfatórios sobre a tecnologia de piscicultura composta e estão ansiosos por adotar a mesma para aumentar os seus lucros através da piscicultura.

No que diz respeito às variáveis dependentes, para executar com sucesso qualquer programa, o principal critério é a consciencialização das pessoas envolvidas. Da mesma forma, para a adoção de tecnologia de piscicultura composta, os estudos revelaram que a maioria dos agricultores tinha um nível médio de conhecimentos. Enquanto que 56,1% dos inquiridos revelaram lacunas de conhecimento sobre medidas de controlo de doenças e insectos, seguidos de 50,46% dos inquiridos sobre erradicação de ervas daninhas, aplicação de fertilizantes no tanque e seleção de sementes e sua proporção. Para uma implementação correta do programa, esta lacuna de conhecimentos deve ser minimizada.

Os dados relativos ao grau de adoção de tecnologias compostas de piscicultura revelaram claramente que a maioria dos inquiridos (66,25%) tinha um baixo nível de adoção, enquanto que se verificou uma grande lacuna na adoção de medidas de controlo de doenças nocivas e insectos, seguidas da gestão da alimentação e da aplicação de fertilizantes nos tanques. Erradicação de ervas daninhas e seleção das raças. Isto pode ser devido à falta de conhecimento ou a problemas sócio-pessoais ou sócio-económicos ou sócio-psicológicos que têm de ser ultrapassados para uma implementação bem sucedida da tecnologia de piscicultura composta.

CONCLUSÕES

O estudo levou à conclusão de que todos os inquiridos tinham um tanque alugado para o cultivo de peixe, cada área de estudo é dotada de 2 a 5 tanques, mas a maioria deles é de natureza sazonal. Os seus direitos de pesca pertencem ao Gram Panchayat e o Panchayat cede-os aos pescadores locais, que por sua vez cultivam parcialmente os peixes. A libertação de sementes de peixe é uma prática comum e a adição de factores de produção é muito pobre, a cultura significa apenas a libertação de sementes e a colheita.

O aspeto mais importante percebido pelos piscicultores foi a indisponibilidade de crédito para o cultivo de peixes, seguido pela indisponibilidade de diferentes insumos, o alto preço dos insumos, a falta de informação sobre a tecnologia da piscicultura composta, a falta de contacto com pessoal competente da extensão pesqueira e a escassez de sementes de carpas exóticas, a falta de sementes puras de carpas indígenas, a diversidade de peixes e a falta de instalações para testes de solo e água.

As medidas sugeridas por eles foram o fornecimento de crédito ótimo para o cultivo de peixe, melhoria do mercado e facilidades de transporte, maior exposição à tecnologia de cultivo de peixe composto, estabelecimento de organizações de piscicultores, maior contacto com o pessoal de extensão da pesca, fornecimento de sementes de carpas exóticas, fornecimento de sementes puras de carpas indígenas, controlo de doenças de peixe e fornecimento de reabastecimento para ultrapassar estes problemas.

SUGESTÕES PARA FUTUROS TRABALHOS DE INVESTIGAÇÃO

Com base nos resultados e na experiência adquirida após a conclusão do inquérito, são sugeridos os seguintes pontos para estudos futuros.

❖ A variável independente, que é o conhecimento sobre a tecnologia de piscicultura composta, necessita de uma investigação mais aprofundada para descobrir a sua relevância para a aplicação.

❖ Verificar se as medidas sugeridas pelos piscicultores são suficientes ou não para ultrapassar estes problemas.

❖ O presente estudo indicou que a tecnologia da piscicultura composta pode ser adaptada por um piscicultor, independentemente da idade, o que pode ser tido em conta no trabalho de extensão da pesca. Isto deve ser tido em conta no trabalho de extensão das pescas, especialmente na produção de peixe através da piscicultura composta.

❖ A tecnologia de piscicultura composta pode ser adoptada em qualquer tamanho de tanque, desde que se disponha de um tanque adequado para a piscicultura composta.

❖ Para descobrir os resultados comparativos da piscicultura composta em relação à gestão das culturas a partir da mesma quantidade de terra cultivável.

Pode investigar-se de que forma os conhecimentos tecnológicos podem ser suficientemente fornecidos aos piscicultores.

BIBLIOGRAFIA

Anónimo. 2000-2001. Destaque da investigação e programa proposto, Departamento de Pescas, Escola Superior de Agricultura, IGAU, Raipur (C.G.). pp: 1.

Ayyappan, S. e Venkateshwarlu, 2002. Produção, muito abaixo do potencial. The Hindu Survey of Indian Agricultural pp: 143.-146.

Bankey Bihari, S. Balasubramaniam, Braj Mohan e Kandoram, M.K. 1999. Socioeconomic status of Marine Fishermen in two fishing village of Orissa. Indian Journal Extn. 35 (3 & 4) : 200-206.

Borah, B.C., Bhagawati, A.K. e Baruah, U.K. 1999. Viabilidade técnico-económica da reciclagem de estrume de vaca em tanques de piscicultura. Indian J. Hill Farming 12 (1-2) : 1-7.

Chakraborty, R.D. 1976. Origem, avaliação e perspectivas da piscicultura mista na Índia. In: Formação de Funcionários da Agência de Desenvolvimento de Piscicultores em Piscicultura Composta e Produção de Sementes de Peixe, abril, 1-10. CIFRI, Barrackpore, Bengala Ocidental.

Chaudhary, S.D., Sharma, S.S. e Gaur, R.A. 1988. Adoption behaviour of trained farmers. Maharastra, J. Ext. Edu., 7 : 197-199.

Chauhan, D.P.S. e Jogdant, S. 2001. Extent of technology adoption of composite carp culture by fishermen of backward Dhivar community. A case study of village penderva, North Belha Block of District Bilaspur in Chhattisgarh. Workshop cum Seminário sobre Agricultura Sustentável para o Século 21st realizado na IGAU, Raipur. pp: 11.

Cochran, W.G. e Cox, G.M. 1957. Experimental design. John Willey and Sons Inc, Nova Iorque.

Ganorkar, P.L. 1961. Uma avaliação dos factores que afectam a aceitação e a utilização de práticas agrícolas no bloco de extensão. Tese de Mestrado (Ag.), Punjabrao Krish Vidyapeeth, Akola (M.Sc.).

Gaur, S.R. 2001. Estratégias de extensão para transferência de tecnologia de produção de peixe em Chhattisgarh durante o século 21st . Workshop cum Seminário sobre Agricultura Sustentável para o Século 21st realizado na IGAU, Raipur. pp : 20.

Ghosh, S. 1988. Conhecimento dos agricultores e grau de aplicação da tecnologia de piscicultura composta. Tese de Mestrado (Ag.), B.C.K.V. Kalyani, Nadia, Bengala Ocidental.

Gill, S.S. e Singh, P. 1977. Conhecimentos profissionais dos produtores de leite do distrito de Ludhiyana. Indian J. Ext. Edu. 13 (3): 77-79.

Gupta, J. 1991. Fator que influencia a aspiração dos pescadores marinhos. Indian J. Ext. Edu., 27 (1-2) : 34-40.

Haque, A. 1981. Estudo de alguns factores relacionados com a adoção de espécies recomendadas de peixes em piscicultura composta. Tese de doutoramento B.C.K.V. Kalyani, Nadia, Bengala Ocidental.

Ingle, N.S. 1974. Um estudo da comunicação interpessoal da inovação agrícola entre os agricultores de Shrirampur Taluka do distrito de Ahmadnagar. Tese de Mestrado (Ag.), Mahatma Phule Krishi Vidyapeeth, Rahuri (M.S.).

Jhingram, V.G. 1977. Composite fish farming fish and fisheries of India Hindustan Publishing Corporation, Delhi. pp : 593.

Jhingran, V.G. 1988. Fish and Fisheries of India. Hindustan Publishing Corporation, Nova

Deli. pp : 394.

Mankar, M.S. e Ingale, P.O. 1997. Knowledge and benefits received by farmers from agricultural development schemes. Maharasthra J. Ext. Edu. 16 : 276-281.

Mankar, D.M., Sawant, V.Y. e Sahustrabudhe, A.G. 2000. Socio-economic and psychological profile of fishermen. Maharastra J. Ext. Edu. 19 : 159-163.

Mathiyalayan, P. e Subramaniam, R. 1995. Extent of adoption of improved poultry practices (Grau de adoção de práticas avícolas melhoradas). J. Ext. Edu. T.N.A.U., Coimbatore. 6 (2) : 1130-1133.

Munda, B.S., Singh, R. Tiwari, R. e Sontakki, B. 1997. Gender based training needs of fisher folk in Mayurebhanj district, Orissa. J. Ext. Edu. 8(2) : 1695-1696.

Murugan, S. 1982. Impact of mechanization on the socio-economic status of traditional fishermen (Impacto da mecanização no estatuto socioeconómico dos pescadores tradicionais). Fishing chimes 15 (3) : 40-42.

Nayachumbe, F. e Knippel, V. 2000. Utuamble wananchi-tell the people; Avaliação participativa & Vídeo - o caso do mercado de peixe de kilwa no sul da Tanzânia. Forests, Trees and People, News letter, pp : 40-41.

Padhy, M.K. 1993. Problems and Prospects of pond fisheries in Birbhum (W.B.), Research Studies Fishing Chime, 14 : 1-2.

Paria, T. e Konar, S.K. 1999. Situação atual das águas represadas do distrito de Birbhum (Bengala Ocidental) para a produção sustentável de peixe. Environment and Ecology. 17 (4): 931-935.

Pounraj, A. e Sripal, K.B. 1997. Socio-economic characteristics of the members of inland fisherman co-operative societies. Indian J. Ext. Edu. 8 : 1788-1789.

Rai, R.N., Singh, H.P. e Jaiswal, D. 1988. Adoption behaviour of tribal and nontribal farmers of Niwas block of district Mandala, M.P. J.N.K.V.V., Res. J. 22 (1 & 9) : 49-50.

Ramesh, K.S. Benakappa, S. e Hanumanthappa, H. 1997. Prosperidade através da pisicultura - uma história de sucesso de agricultores do distrito de Coorg, Karnataka. Environment and Ecology. 15 : 1, 95-99.

Rao, S. 2001. Impact of farm pond on productivity and socio-economic status of the farmers in Chhattisgarh Plains, M.Sc. (Ag.) Thesis, I.G.K.V., Raipur (C.G.).

Rogers, E.M. e Shoemaker, F.F. 1971. Comunicação da inovação. A cross cultural approach. IInd edição, The Tree Press, Nova Iorque.

Sahu, S.N. e Jana, B.B. 1996. Manipulação do rácio de povoamento entre peixes de superfície e de fundo como estratégia para aumentar o valor fertilizante do fosfato de rocha num sistema de policultura de carpas. Aquaculture Research, 27 (12) : 931-936.

Sathiadhas, R. 1998. Price spread of marine fish and need for cooperative fish marketing. Indian Co-operative Review 36 (2) : 166-170.

Shankar, K.M., Mohan, C.V. e Nandeesha. 1998. Promoção de substrato baseado em bio-filme microbial em lagoas - uma tecnologia de baixo custo para aumentar a produção de peixe. Naya, 21 (4) : 18-22.

Sharma, D.K. 1966. Role of information for improved farm practices. Rural Sociology. 24 : 139-145.

Sinha, V.K. 1989. Estudo de alguns factores relacionados com a adoção da tecnologia da piscicultura composta. Tese de Mestrado (Ag.), B.C.K.V., Kalyani, Nadia, Bengala Ocidental.

Sindhu, V.R.P. 1972. Composite fish culture of India and Exotic crops in India. Souvenir Silver Jublee of Indian Independence, Direção das Pescas, Governo de Bengala Ocidental. 5-7.

Singh, D. 1990. Socio-personal correlates of adoption behaviour and information needs of tribal farmer with respect to rainfed areas. Indian J. Ext. Edu. 26 (3 & 4) : 53-58.

Surendra, S., Ponnu, C.J.S. e Singh, S. 1998. Energy requirements in fish production in the state of Punjab. Energy Conversion and Management. 39 (9) : 91-95.

Thakre, H.K.S. 2001. Constraint analysis in adoption of poultry production technology as perceived by commercial poultry farmers in Raipur District of Chhattisgarh. Tese de Mestrado, I.G.K.V., Raipur (C.G.).

Varadi, L. 1999. O futuro papel da pesca na melhoria da nutrição humana na Hungria. Perspectivas futuras para a produção animal húngara. 48 (6) : 844-846.

Vekaria, R.S., Patel, B.P. e Mahajan, D.S. 1993. Conhecimento e atitude dos agricultores em relação à tecnologia agrícola moderna. Maharastra, J. Ext. Edu. 12 : 279-282.

Printed by Books on Demand GmbH, Norderstedt / Germany